U0001988

從家常桌菜到宴客大餐

好好吃
氣炸鍋
油切料理

鳳梨蝦球、四川口水雞、玫瑰蘋果派

快速簡單．健康美味
超人氣料理全食譜

100
道

艾蘇美．著

曾經，我是不喜歡下廚的！

孩提時代，每個孩子下課總可以守電視看著自己喜歡的卡通，而我卻得跟在母親身旁學習烹飪。因為母親得盡快教會我料理三餐，才能夠專心和父親全心投入於當時的創業工作。

國高中時期，同學下課後總會邀約逛街、聚會，而我卻必須趕最近的一班火車回家幫家人準備晚餐、幫年幼的弟妹洗澡。烹飪這件事，直到我上了大學，離開家裡、在外租屋才停止。

我以為我是排斥它的，但其實它已經默默地、深深地紮根在我心裡了！

婚後，我憧憬洗手做羹湯為人妻的幸福生活，因此又開始拿起鍋鏟為先生料理三餐。我有一個非常嘴甜又捧場的另一半，對我的料理總不吝惜讚美和表示感謝，餐後也總是主動收拾善後，我想會讓我持續且愛上烹飪，他功不可沒。

從那時起，我開始在網路上分享食譜，起初單純是為了紀錄生活的一切。後來有了孩子後，料理魂更是一發不可收拾！也是從這時候創立了「麻麻的艾寶樂園」粉絲專頁，用來分享、紀錄所有我為孩子、家人烹調的手作料理，沒想到竟也意外地幫助了不少主婦媽媽們。

夯不嘰噹在網路分享食譜十幾年的歲月，從不敢想有出書的那天。因此當出版社找上我時，心情是矛盾的！開心的是自己的努力終於被看到了，但另一方面卻害怕自己是否有足夠的能力可以勝任……

經過幾番思考和掙扎，加上出版社編輯的鼓勵並給我強大的信心與支持，我決定接下這項挑戰，也算是為自己的料理人生留下一個美麗的足跡和見證。

氣炸鍋是這一兩年非常夯的廚房家電，幾乎家家戶戶都有一台。它的便利快速是受歡迎的主要原因，但卻也有不少的負面聯想加諸在它身上，例如：買

了氣炸鍋會吃下更多不健康的加工食品，或吃下更多的油炸食物等等。其實每種家電的發明都是為了幫人類帶來更大的便利，端看自己怎麼去使用，讓它發揮最大的價值和效益。

氣炸鍋對我來說是個廚房的好幫手，它可以取代以往的油鍋，搞定原本繁雜的前置作業，也解決了處理廢油的麻煩。

因此在規劃這本食譜書時，我思考的是如何讓大家用氣炸鍋來幫自己和家人準備三餐，因此這本書中從家常料理、點心、甚至幼兒食譜再到宴客料理等等類型，無不蒐羅涵蓋。我期望的是，讓氣炸鍋不再只是停留在大多數人的認知——只能炸！

為了這本食譜書（足足有 100 道呀），本來正在減醣瘦身的先生，每天都得負責消滅掉我每天端出的好幾道作品。兩個月的時間，之前減的肉回來了一大半，但我想他也甘之如飴吧！（笑）

這本書，不管是從餐點設計、食譜撰寫、擺盤拍照，完全不假他人之手，希望用最簡單的烹調方式、最天然的食材，呈現最幸福的美味料理，讓每一位擁有氣炸鍋的朋友，能更上手且淋漓盡致的使用，為自己的生活增添幾分滋味和光彩。

最後，特別感謝春光出版的主編雪莉還有責編婉玲，一路上不斷給我鼓勵和信心喊話，還有像朋友般的關心問候。也謝謝出版社的專業團隊，感謝大家為這本書的付出與努力。當然，還有我的家人和眾多喜歡我的粉絲、讀者朋友，你們的支持都是我勇敢向前邁進的動力！

《快速簡單・健康美味・好好吃氣炸鍋油切料理：鳳梨蝦球、四川口水雞、玫瑰蘋果派，100 道從家常桌菜到宴客大餐的超人氣料理全食譜》這本書分享給每一位認真生活的你，期待你也可以跟著我一起享受烹飪的樂趣及感受氣炸的魅力。

目錄 Contents

Introduction
好神器！
超夯氣炸鍋的二三事

HOW TO USE
開炸之前，溫馨提醒

Chapter 1
豐盛肉食

Chapter 2

異國風味

Chapter 3

清甜海鮮

料理時間索引

● 豐盛肉食　● 異國風味　○ 清甜海鮮　● 健康蔬食　● 午茶甜點　● 幼兒小點

≦ 10 分鐘

11～15 分鐘

16 ～ 20 分鐘

≧ 60 分鐘

料理時間索引

好神器！超夯氣炸鍋的二三事

氣炸鍋為何成為近一、兩年的廚房新寵，不只是風靡主婦圈，許多獨身貴族、租屋族也都幾乎人手一台，堪稱本世紀初最令人驚豔的廚具。氣炸鍋會這麼受歡迎有四大主因：

體積不大：

相信許多在外租套房的人對於選購廚具，最大的擔憂就是「房間塞不下」，因此許多套房族以前最好的選擇就是小烤箱，體積小巧又能做簡單的烹調。但現在有了氣炸鍋，不只立面體積更小，能做的料理比烤箱更多，速度還更快！所以不難想像氣炸鍋為何會受歡迎了。

操作簡單：

氣炸鍋的操作號稱「電器白癡也會使用」，這一點也不誇張喔！機身上只有兩個按鈕，「溫控旋鈕」和「定時旋鈕」，白話來講就是設定「溫度」和「時間」，設定好後就會自動烹調。是不是超簡單？！

健康少油：

現代人的健康意識抬頭，加上前幾年劣質黑心油的風暴，讓消費者對於外食及油品的選擇更謹慎。氣炸鍋不需要使用大量的油來烹調，甚至還能逼出食材本身的油脂，光是這一特點，就足以讓人心動了！

方便快速：

偶爾興致來想吃點炸物，卻擔心外面的油品不乾淨。不過想到炸完剩下的那一鍋油也是令人頭痛……而且沒有高明的油炸技巧，炸出來的食物油膩膩，吃了很有罪惡感。氣炸鍋就是現代懶人神器，把準備好的食物（或是冷凍食物）直接丟進炸網，設定好溫度、時間，數分鐘後就可以得到香噴噴的美味料理啦！享受完也只需要清潔炸鍋、炸網，完全解決上述的那些煩惱了。

| 氣炸鍋的原理 |

　　氣炸鍋跟旋風烤箱的原理其實差不多，都是用熱風去「烤」，而不是炸。但氣炸鍋利用上方的大風扇（又被暱稱為『蚊香』）將超高溫的熱氣強力往下貫穿，並利用空氣導流循環的特色，讓食物不只能夠均勻受熱，還能逼出食物本身的油脂，藉以產生油炸的效果，因此很適合料理本身就帶有油脂的食材。

　　另一大特色是，氣炸鍋的內鍋留有孔洞，目的是可以將食材所產生的油脂過濾掉，也能夠加強對流，使食物產生金黃酥脆的口感。

　　氣炸鍋的以上兩大特色是旋風烤箱做不到的，因為烤箱內部上下都有導熱管，因此不可能在烤盤上留有孔洞，這樣會讓油脂往下滴到下方的導熱管，也因此均熱效果比氣炸鍋差；而食物浸在油水中，自然也不會產生酥脆口感。

| 氣炸鍋真的好用嗎？ |

　　對於愛吃炸物，又怕不健康的人來說，使用氣炸鍋自然是可以減少過多的油脂攝取，在家自己料理炸物也能免除吃進黑心油品的疑慮。

　　但凡事過與不及都不好，因為氣炸鍋「使用方便」、「料理快速」、「清潔容易」的特點，有許多人因此食用了過量的油炸物，這樣反而失去了「減少攝取過多油脂」的原意。

　　至於氣炸鍋好不好用？優缺點為何？其實都來自於使用者自身的生活模式與烹飪習慣，因此以下整理了氣炸鍋的各項優缺點，讓讀者朋友們自行評斷囉！

氣炸鍋的優缺點 Fight ！

優點	缺點
①使用簡單。連小孩都會用，超適合烹調新手。	①方便好吃，可能會不小心吃太多油炸物。
②能去除食材產生的多餘油脂。	②清洗不易。上頭的加熱管不太好清洗。
③比起傳統油炸方式，油煙少了許多。	③容量小，食材堆疊時不易熟。
④省時快速，超適合忙碌的媽媽及懶人。	④耗電高。
⑤能料理出酥脆口感。	⑤機器體積大，佔空間。
⑥可料理各種食材。	
⑦可做出多元化料理。如：主食、麵包、蛋糕、肉類及蔬菜料理、各式點心等等。	
⑧搭配性高。和其他廚房用具搭配使用，可縮短料理程序。	

| 氣炸鍋的挑選與使用 |

　　現在坊間有非常多知名品牌的氣炸鍋，對於消費者來說，雖然多了很多選擇，但相信也讓很多人看得眼花，不知道該怎麼挑選適合自己家庭使用的氣炸鍋。如果對氣炸鍋有興趣，想要購入，可以參考以下的「氣炸鍋挑選 Checklist」囉！

氣炸鍋挑選 Checklist ✔

項目	符合
①是否通過台灣標準檢驗局檢核？ （檢核標準為 CNS 3765、IEC 60335-2-9 以及 CNS 13783-1）	
②機器本體是否有安全標章？	
③氣炸鍋內鍋容量？（4L 以上才能放入全雞）	
④操作介面的方式。（喜歡『電子式』還是『轉盤式』的操作介面）	
⑤是否有符合自身需求的功能？如自動斷電（拉開炸網檢查食材時會自動斷電，炸網推回機身後會再繼續原本的烹調進程，不須再次設定溫度與時間）、預設溫度、電線收納等等。	
⑥機器本身的最高及最低溫度為何？是否符合習慣的烹調需求。	
⑦價錢 OK	
⑧外型喜歡	
⑨操作簡易	

誰適合買氣炸鍋呢？

✔ **獨居的人**：一個人生活，對於吃飯的要求大部分是簡單快速就好，而氣炸鍋操作簡易、加熱速度快，料理食物幾乎不需要用到瓦斯爐，加上少油煙等等優點，對於一人獨居，通常住所空間比較小，大多沒有廚房空間，使用氣炸鍋料理的話，就可以避免煮飯煮到滿屋子油煙。

✔ **二至四人小家庭**：如果只有兩個人生活，或是二大一小、二大二小吃飯，除了使用烤箱，氣炸鍋更適合這樣的小家庭，因為大部分烤箱能做到的事情，氣炸鍋也都做得到，但氣炸鍋的體積卻小很多。而且操作氣炸鍋對於稍大一點的孩子來說，相對容易且安全。適當的訓練孩子使用氣炸鍋，不只能分擔家事，也能讓孩子產生成就感喔！

✔ **大家庭，廚房電器都有了，廚房裡還有多餘空間想再添個東西的人**：重點是有多餘空間啦！畢竟氣炸鍋還是會佔空間的，廚房動線很重要。因此如果還有多餘的空間跟預算，氣炸鍋會是強大的廚房好幫手，在準備大家庭菜色時，可以同時料理多道菜，免顧爐火，煮飯不再滿場轉，更有餘裕。

| 氣炸鍋常見 Q&A |

Q 清洗及保養方式？

A 每次使用完畢後，建議立即清潔唷。

使用完後先拔掉電源插頭，取出炸鍋及炸網，讓其自然冷卻後，加入中性清潔劑及清水，並用「軟性海綿」刷洗乾淨後，再用清水沖洗乾淨就可以了。請注意不要使用菜瓜布或鋼絲球刷洗，容易刮傷炸鍋及炸網的不沾塗層！

如果家裡有洗碗機的話，炸鍋及炸網可以直接放入洗碗機中清洗。若是炸鍋及炸網留有頑垢的話，清洗時在炸鍋中加入熱水浸泡約 10 分鐘，再用軟性海綿刷洗，就會容易清洗乾淨囉。洗淨後的炸鍋及炸網，務必以軟布將其擦乾後，再放置於通風處，保持鍋身乾燥。

Q 加熱管需要清洗嗎？

A 建議烹煮過油脂多、味道重的食物後，等待機器完全冷卻後，將主機翻過來，露出加熱管，噴上用小蘇打粉、白醋、熱水調和後的清潔液稍微靜置一下，再使用小毛刷伸入加熱管中清潔即可。

Q 氣炸鍋不沾鍋塗層安全嗎？

A 購買時可以請廠商提供相關檢驗數據，目前坊間大多數有品牌的氣炸鍋都有通過檢測，安全無毒可以放心使用。對於有不沾鍋塗層的廚具，如何使用及保養也很重要，錯誤的使用及清潔方式，不只容易使塗層掉落，也會縮短廚具的使用壽命喔。

Q 氣炸鍋怎麼會冒白煙？

A 這是因為加熱管上有油漬，會造成加熱時冒白煙的問題。建議使用前先將加熱管上的油漬清潔乾淨，並且食材裝八分滿就好，避免過於接觸上面的加熱管，並於烹煮後立即清潔，冒白煙的問題就不會發生了。

Q 使用氣炸鍋會容易跳電嗎？

A 因氣炸鍋消耗功率較大，建議其他電流較大的電器儘量不要同時使用會比較安全哦。

Q 內鍋需要放油嗎？

A 不需要放油，但若食材本身無油脂（如蔬菜）可以塗抹或噴灑少許食用油於食材表面，可以提升酥脆口感。

Q 每做完一道菜需要立刻清洗嗎？

A 可以使用烘焙紙（有孔洞的）鋪墊在食材下方，既不影響油水濾出，更可以隔絕大部分食材氣味，使用後只要將烘焙紙替換掉，就能再繼續料理下一道菜囉！

Q 家裡沒有烘焙紙，用鋁箔紙可以嗎？

A 可以啊！鋁箔紙完全可以取代烘焙紙來包裹食材，只是使用鋁箔紙需要注意的是，避免使用酸性食材或醬料，可能導致重金屬溶出。

另外使用鋁箔紙來料理的建議還有以下兩點：

1. 食物要帶些水分：
食材本身帶些水氣能更快熟，因此如果要料理的食材加熱後不太出水的話（如金針菇、筊白筍、玉米筍、洋蔥等等），可以用噴瓶噴入少許水，再將食材包裹起來。

2. 受熱面，滑、霧兩面都可以：
鋁箔紙有滑面和霧面，許多人認為滑面反射熱能，因此霧面要朝向熱源，但其實兩面都可以。會有不同質感的兩面，是因為鋁箔紙製程是將液態金屬溶液放入模具中，再經碾壓而成，受壓力的一面自然呈光滑質地，因此兩面的受熱效果其實是相同的。

開炸之前，溫馨提醒

| 氣炸鍋圖解介紹 |

---

① 頂蓋板

② **溫控旋鈕**　左右旋轉可設定加熱溫度，範圍為80～200°C。

③ **定時旋鈕**　順時針旋轉可設定加熱時間，最長可達30分鐘。

④ 加熱指示燈

5 炸鍋／炸網

6 本體

7 **電源指示燈**　順時針旋轉定時旋鈕後，電源指示燈亮起，即表示機器開始運作。

8 **炸網釋放開關／開關保護蓋**　取出炸鍋，放置於隔熱墊上，此時可往前推「開關保護蓋」，按下「炸網釋放開關」即可將炸網與炸鍋分離。

9 **手柄**

10 **炸鍋**　容量3.2公升，約可烹煮2～3人份。材質為鋁合金，表層是不沾塗層。可承接濾出的油脂，也可直接使用。

11 **炸網**　容量2.6公升（7吋），材質同樣為鋁合金，表層有不沾塗層，可有效防止食物沾黏，並留有孔洞以隔離濾出的油脂。

| 如何開鍋？ |

　　初次使用時，請先將炸鍋及炸網取出（按下『炸網釋放開關』使其分離），加入清水及適量的中性清潔劑，以軟性海綿刷洗乾淨，再以清水沖洗。

　　將炸網裝入炸鍋再放入機身，不須裝任何食材，電源線插頭插入 AC 110V 的插座。將定時旋扭轉至 10 分鐘進行空燒。

＊空燒時會有少許白煙及異味，為初次使用的正常現象，請安心使用。

| 氣炸鍋小幫手 |

　　氣炸鍋要變身成為廚房裡的無敵鐵金剛，如果搭配其他各種不同功能的配件，就像是幫它加裝上強大的武器，讓廚娘煮夫們更可以省時省力地完成百變料理，實現腦中各種對食物的想像！

食物夾

有一把耐熱、順手的食物夾是使用氣炸鍋必備的配件唷，不管是剛出爐的食物、中途需要將食材翻面，用食物夾就可以輕鬆完成任務，不需要練鐵沙掌啦！

烘焙紙／蒸籠紙

烘焙紙分為有孔洞及無孔洞的，有孔洞的可以用來瀝出油脂，或是烘焙料理時使熱循環良好；無孔洞的則可以用來做紙包料理。

噴油瓶

料理較無油脂的食材時，可以使用噴油瓶來補充油份，當然也能用油刷塗抹，只是使用噴油瓶可以使油份均勻噴灑在食材上。

矽膠油刷

可以用在替食材補充大量油份，或是塗抹烤盤、容器使其防沾黏，料理過程中也能使用油刷來塗抹蛋液、醬料、蜂蜜、糖霜等等。

雙層烤架

如果要同時料理比較大量的食材，可以利用雙層烤架來增加烹飪空間。另外使用烘焙紙料理較輕的食材時，也能使用烤架來壓住，避免烘焙紙在烹飪過程中飛起接觸到加熱管。

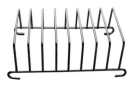

立面烤架

適合用在片成薄片的食材（如水果片、吐司），為了使其不重疊擺放，有效縮短烹飪時間，可以使用立面烤架來料理。

不鏽鋼串燒叉

可以用來做串燒料理，如各式肉串、肉卷、蔬菜串，或是烤魚。

烘烤鍋

通常都有不沾塗層，建議可以搭配無孔烘焙紙使用。適合用來做水分較多的料理，如脆瓜肉餅、蔥爆豬肉；也可以用來烘蛋，烤蛋糕。

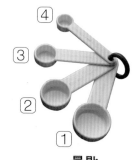

量匙

書中使用的計量單位為標準量匙。
最大的是一大匙（或一湯匙）＝15cc
第二支是一小匙（或一茶匙）＝5cc
第三支是1/2小匙＝2.5cc
第四支是1/4小匙＝1.25cc

| 使用建議 |

　　讀到這裡，先恭喜你也跳入氣炸鍋這個大坑囉！（奸笑）氣炸鍋雖然是好幫手，但畢竟是電器，烹煮時更會有高溫加熱的問題，因此還是有些使用前的建議必須要先瞭解的唷，這樣才能讓氣炸鍋不只好用、好玩，也更安全！

機器使用 Tips

① 使用前請先確認電源插座為 AC 110V，否則會造成危險及產品故障。

② 請勿使用延長線來使用氣炸鍋，因為氣炸鍋運轉時消耗的功率很大，如果插在延長線上使用容易造成異常發熱、觸電、甚至起火等等危險事件發生。

③ 氣炸鍋主機內有電子元件及加熱裝置，因此千萬不要浸泡在水中沖洗。可以用擰乾水分後的濕布擦洗、晾乾即可。如果有水或是其他液體進入主機內部，可能會發生漏電及故障的情形唷。

④ 氣炸鍋擺放位置，請勿靠牆使用，建議預留空間以利散熱（左右各 10 公分／後方 20 公分）。

⑤ 氣炸鍋正在運轉時，請不要遮蓋進風及出風口，以避免機體過熱。

⑥ 使用完畢，請先關閉電源再拔除插頭。

⑦ 使用中，如果發生冒煙或起火燃燒，應儘快拔掉插頭，並通知原廠服務人員處理。

⑧ 電源線若有破損，請連絡原廠，必須由製造廠商或原廠服務人員來作更換，以避免發生危險。

料理使用 Tips

① 將食材放到炸網或內鍋中時，要注意頂部不要太過接近上方的加熱管，容易造成食材燒焦，或是機器冒出白煙的情況。

② 請避免烹飪含油量較高、容易噴濺油脂的食材，如：香腸、肥肉……等，容易產生過多油煙及噴油的情形。

③ 料理會發酵或膨脹的食材，如：蛋糕、麵包、鬆餅等等時，請勿放入超過炸網一半的份量，以免食材膨脹時觸碰到加熱管。

④ 請勿在炸鍋中裝油，如果食材本身沒有油脂，建議使用油刷或噴油瓶塗抹、噴灑適量食用油在食材表面。過多的油可能導致起火。

⑤ 烹調時間會因食材厚薄、大小、溫度及份量……等不同，而有些微差異，請適情況調整。

Chapter 1

豐盛肉食

～艾蘇美の氣炸小錦囊～

氣炸鍋非常適合用來料理肉類食材！料理肉類食材時，如果先將氣炸鍋預熱，可以有效縮短氣炸時間，並且肉香味會更加明顯唷！

麻藥蔥肉卷

材料（2～4人份）
. . . .

五花豬肉片……………300g
青蔥…………………3支
烤肉醬………………適量

作法
. . . .

1　豬肉片先用烤肉醬醃漬入味（約1小時），移入冰箱冷藏，備用。

2　青蔥清洗、切去根部、瀝乾、切成段。

3　將醃好的肉片取出、鋪平，捲入蔥段。用牙籤或串燒叉固定肉片。

4　氣炸鍋先以180度預熱5分鐘，再放入肉卷，以180度氣炸8分鐘，中途翻面一次即完成。

3

(Tips)　肉卷放入氣炸鍋時記得鋪平擺放，互相堆疊的話，食材會不易熟透。

4

豐盛肉食　異國風味　海鮮料理　健康蔬食　午茶甜點　幼兒小點

⚜⚜⚜⚜⚜
170度
│
180度

🕐
20分鐘

下飯鹹豬肉

材料（約 3 ～ 4 人份）
• • • • • •

鹹豬肉·························1 片（約 300g）

作法
• • • • • •

1 氣炸鍋以170度預熱5分鐘。

2 鹹豬肉放入氣炸鍋，以170度氣炸10分鐘。

3 拉出炸網，將豬肉翻面，再以180度氣炸5分鐘，
　即完成

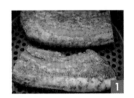

Tips　1 氣炸好的鹹豬肉，可以切成薄片，搭配蒜苗和蒜
　　　頭一起入口，滋味更棒！

　　　2 為了達到快速料理的目的，因此食譜預設採買現
　　　成的市售鹹豬肉。勤勞的煮夫煮婦們如果要在家
　　　裡自製鹹豬肉當然也是可以的！

More Recipe →自製鹹豬肉

帶皮五花肉1塊（切成約3公分寬條）、蒜粉（或蒜末）1
大匙、黑胡椒1.5小匙、五香粉1/2小匙、海鹽2大匙、八
角3粒

豬五花清洗後擦乾，將打碎混合的香料粉塗抹至豬肉
上，揉捏使其入味，放進保鮮盒或保鮮袋，移入冰箱冷
藏三天即可。

豐盛肉食　／　異國風味　／　海鮮料理　／　健康蔬食　／　午茶甜點　／　幼兒小點

酥皮豆乳豬

材料（約 3～4 人份）
. . . .

五花豬肉⋯⋯⋯⋯⋯⋯⋯⋯1～2 條
樹薯粉（或太白粉）⋯⋯適量

醃料

豆腐乳⋯⋯⋯⋯⋯⋯⋯⋯⋯1 塊
蒜末⋯⋯⋯⋯⋯⋯⋯⋯⋯3～4 瓣
雞蛋⋯⋯⋯⋯⋯⋯⋯⋯⋯⋯1 顆
糖⋯⋯⋯⋯⋯⋯⋯⋯⋯⋯⋯1 大匙
醬油⋯⋯⋯⋯⋯⋯⋯⋯⋯⋯1 大匙
白胡椒粉⋯⋯⋯⋯⋯⋯⋯適量

作法
. . . .

1 把**醃料**混合拌勻，放入豬肉醃漬，移入冰箱冷
藏，醃漬約半天待其入味，備用。

2 取出醃好的豬肉，均勻裹上樹薯粉或太白粉，靜
置等待粉料反潮，呈現無乾粉狀。

3 氣炸鍋以180度預熱5分鐘。

4 將豬肉放入氣炸鍋，噴上適量沙拉油，以180度氣
炸10分鐘。

5 拉出氣炸鍋，將豬肉翻面，以180度氣炸5分鐘，
即完成。

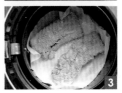

Tips

1 豬肉的厚薄度會影響所需的氣炸時間，請依照情
況調整喔！

2 沾粉後一定要等待反潮並噴油，氣炸後表面才不
會呈現白粉狀。「反潮」指的是肉排上的醃料
滲出樹薯粉，使樹薯粉轉為淡淡的醬色、帶點濕
氣，在炸的時候比較不易掉粉。

豐盛肉食 ／ 異國風味 ／ 海鮮料理 ／ 健康蔬食 ／ 午茶甜點 ／ 幼兒小點

170度

23分鐘

白飯好朋友

脆瓜肉餅

材料（約 3 ～ 4 人份）

豬絞肉	1 盒（約 300g）
脆瓜（切末）	1/2 小罐
脆瓜湯汁	1/2 米杯
蒜末	1 大匙
醬油	1/2 大匙
水	1/2 米杯
白胡椒粉	適量

作法

1 取一容器，放入絞肉、脆瓜等所有材料，用手攪拌至湯汁完全被絞肉吸收。

2 取烘焙紙放入氣炸鍋，再將絞肉團放入，並用烘焙紙將整個絞肉團用「紙包」方式密封包裹。

3 氣炸鍋以170度預熱3分鐘。

4 將瓜仔肉紙包放入氣炸鍋，再以170度氣炸約20分鐘，即完成。

Tips

1 以「紙包方式」來料理可以保留較多的湯汁，且肉質會比較軟嫩細緻。

2 紙包的封口可以用釘書針固定來輔助。

豐盛肉食 / 異國風味 / 海鮮料理 / 健康蔬食 / 午茶甜點 / 幼兒小點

🌢🌢🌢🌢🌢
170度

🕐
20分鐘

香酥紅糟肉

材料（約 3 ～ 4 人份）

. . . .

五花肉……………………1 ～ 2 條
樹薯粉……………………適量
食用油……………………少許

醃料

紅麴醬……………………2 大匙
蒜末………………………3 ～ 4 瓣
醬油………………………1 大匙
糖…………………………1 大匙
蛋…………………………1 顆

作法

. . . .

1 豬肉加入**醃料**拌勻，放入冰箱冷藏，醃漬一天待
　其入味。

2 取出醃好的豬肉，表面均勻裹上樹薯粉，靜置等
　待反潮。

3 氣炸鍋以170度預熱5分鐘。

4 放入豬肉，表面塗抹（噴灑）一點食用油，以170
　度氣炸10分鐘。

5 拉出炸網，將豬肉翻面，再噴一些油，繼續以170
　度氣炸5分鐘，即完成。

(Tips) 挑選豬肉時盡量不要選太厚實的，可以有效縮短氣炸
　　　　時間。

蔥爆豬肉

材料（約 2～3 人份）

豬肉片......................1 盒
蒜片........................2～3 瓣
青蔥........................3 支
辣椒........................少許（可略）

醃料
醬油........................1 大匙
米酒........................1 大匙
糖...........................1 茶匙
太白粉.....................1 茶匙

醬料
醬油........................1 大匙
糖...........................1/2 大匙

作法

1 豬肉片切成適當大小後，加入**醃料**拌勻，移入冰箱冷藏，醃漬約20分鐘。

2 烘烤鍋放入氣炸鍋，以170度預熱5分鐘。

3 放入豬肉片，以170度氣炸5分鐘。

4 放入蒜頭、蔥白，拌勻，繼續以170度氣炸3分鐘。

5 加入醬料、辣椒、蔥綠，拌勻，以170度繼續氣炸3分鐘，即完成。

糖醋排骨

170度
~
180度

25分鐘

材料（約 2～3 人份）

排骨……………………1 盒（約 300g）
紅、黃甜椒（切塊）…適量
小黃瓜（切塊）………1 條
洋蔥（切塊）…………1/2 顆
樹薯粉…………………適量

醃料		醬料	
蒜末	3～4 瓣	番茄醬	2 大匙
醬油	1 大匙	醬油	1 大匙
米酒	1 大匙	白醋	1 大匙
蛋液	1 顆	糖	1 大匙
糖	1/2 大匙	水	3 大匙
胡椒粉	適量		

作法

1 排骨加入醃料拌勻，移至冰箱冷藏，醃漬至少1小時。

2 取出醃好的排骨，表面均勻裹上一層樹薯粉，靜置一旁等待反潮。

3 氣炸鍋以170度預熱5分鐘。

4 排骨放入氣炸鍋，噴上一些食用油，以180度氣炸10分鐘。

5 將排骨翻面，再補噴一些油，繼續以180度氣炸10分鐘，取出備用。

6 取一炒鍋，開中火熱鍋，倒入油加熱，放入洋蔥、甜椒、小黃瓜拌炒至稍軟。

7 加入醬料拌炒，轉大火，稍微讓醬料煮滾。

8 加入炸好的排骨，拌炒均勻，待收汁、關火，即可起鍋。

烤肉飯卷

材料（約 1 ～ 2 人份）
· · · · · · ·

白飯·······························1 碗
豬肉片··························4 ～ 6 片
烤肉醬···························適量

作法
· · · · · · ·

1 取一乾淨塑膠袋，放入白飯，充分揉捏讓其產生
　黏性以塑型。

2 雙手抹一些食用油或沾水，用手抓取適量白飯，
　捏成飯卷狀。

3 用豬肉片將飯卷包裹卷起。

4 豬肉飯卷放入氣炸鍋，表面刷上烤肉醬，以170度
　氣炸10分鐘，即完成（*中途拉出翻面，並補刷烤
　肉醬*）。

Tips

1 這道料理很適合親子操作，讓孩子一起參與料理
　過程，可以得到成就感、增加親子關係之外，也
　會覺得食物更美味！

2 豬肉片可以挑選肥瘦適中的豬五花，或是培根也
　很適合，當然喜歡吃牛肉的話，用牛肉片也很搭
　配喔！

3 如果覺得烤肉醬比較鹹，不想讓孩子吃重鹹口味
　的話，可以在白飯裡拌入孩子普遍都喜愛的香鬆
　粉，肉片撒上少許鹽巴提味也是可以的！

蜜汁排骨

course

170度～180度

23分鐘

材料（約 2～3 人份）

排骨·····················1 盒（約 300g）
樹薯粉··················適量
白芝麻··················少許

醃料

醬油·····················2 大匙
糖························1 大匙
五香粉··················少許
胡椒粉··················少許
蒜末·····················3～4 瓣
薑末·····················2～3 片
蛋液·····················1 顆

醬料

番茄醬··················3 大匙
醬油·····················1 大匙
糖························1.5 大匙
水························3 大匙

作法

1 排骨加入**醃料**拌勻，醃漬至少1小時，待其入味。

2 取出醃好的排骨，表面均勻裹上樹薯粉後，靜置待等反潮。

3 氣炸鍋以170度預熱3分鐘。

4 放入排骨，表面塗抹或噴灑適量食用油，以180度氣炸10分鐘。

5 拉出將排骨翻面，再補噴點油，繼續以180度氣炸10分鐘，取出備用。

6 取一炒鍋，開中火熱鍋，放入**醬料**，慢火炒煮至滾沸。

7 加入炸好的排骨，炒拌均勻。開大火收汁，起鍋。上桌前灑上白芝麻，即完成。

Tips 料理帶骨的肉類，例如：各式排骨，氣炸時間需要稍微長一些，約15～20分鐘。

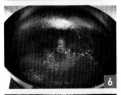

豐盛肉食 ╱ 異國風味 ╱ 海鮮料理 ╱ 健康蔬食 ╱ 午茶甜點 ╱ 幼兒小點

170度

15分鐘

微辣好滋味

辣脆泡菜豬

材料（約 2 ～ 3 人份）

豬肉片	1 盒（約 300g）
泡菜	1/2 碗
蒜末	3 ～ 4 瓣
蔥段	3 支

醃料

泡菜汁	2 大匙
醬油	1 大匙
糖	1 小匙

作法

1 豬肉片加入醃料拌勻，稍微醃漬，備用。

2 烘烤鍋放進氣炸鍋，倒入一點油，放入蒜末、蔥白，以170度爆香3分鐘。

3 放入豬肉片，以170度氣炸7分鐘。（中途拉出氣炸鍋翻拌一次）

4 加入泡菜、蔥綠拌勻，繼續以170度氣炸5分鐘，即完成。

Tips　因為市售泡菜酸味與鹹度各有不同，因此可以先嘗一下泡菜味道，再適度調整醬油與糖的比例。

豐盛肉食／異國風味／海鮮料理／健康蔬食／午茶甜點／幼兒小點

180度

15分鐘

小朋友最愛

番茄豬肉卷

材料（約 2～3 人份）
· · · · · · ·

五花豬肉片······················1 盒（約 300g）
小番茄··························8～10 顆
烤肉醬··························適量

作法
· · · · · · ·

1 小番茄去除蒂頭、洗淨、擦乾，備用。

2 用豬肉片包覆、捲起小番茄後，用串燒叉或牙籤
固定。

3 番茄肉卷放入氣炸鍋，以180度氣炸5分鐘。

4 拉出炸網，將番茄肉卷均勻刷上烤肉醬，以180度
繼續氣炸5分鐘。

5 拉出炸網將肉卷翻面，另一面也塗上烤肉醬，繼
續以180度氣炸5分鐘，即完成。

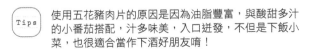

Tips　使用五花豬肉片的原因是因為油脂豐富，與酸甜多汁
的小番茄搭配，汁多味美，入口迸發，不但是下飯小
菜，也很適合當作下酒好朋友唷！

豐盛肉食 ╱ 異國風味 ╱ 海鮮料理 ╱ 健康蔬食 ╱ 午茶甜點 ╱ 幼兒小點

♠♠♠♠♠
170度

🕐
15分鐘

蒜香松阪豬

材料（約2〜3人份）

松阪豬肉…………………………1 片

醃料
蒜末（蒜粉）………………1 大匙
醬油……………………………1 大匙
香油……………………………少許
糖………………………………少許
胡椒鹽…………………………適量

作法

1 松阪豬肉加入**醃料**拌勻，醃漬至少1小時，待其入味。

2 將豬肉放入氣炸鍋，以170度氣炸10分鐘。

3 拉出翻面，繼續以170度氣炸5分鐘，即完成。

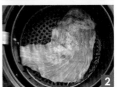

Tips 松阪肉是位於豬頰連接下巴的部位，一隻豬的頭部只能取出兩塊，因此是整頭豬最珍貴的部位，口感有油脂卻不過軟，吃起來有脆感，肉色看起來偏白，條狀紋路明顯。松阪肉是種非常好料理的肉品，怎麼料理都不會失敗，不管煎煮烤燙都很適合喔！

豐盛肉食 ／ 異國風味 ／ 海鮮料理 ／ 健康蔬食 ／ 午茶甜點 ／ 幼兒小點

醬爆豬五花

材料（約 3 ～ 4 人份）
. . . .

豬五花肉（切條）………2 條（約 300g）
蒜頭（切片）…………4 ～ 5 顆
洋蔥（切粗絲）………1/2 顆
青蔥（切段）…………3 ～ 4 支
辣椒（切片）…………少許（可略）

醬料

醬油…………………………1 大匙
蠔油…………………………1 大匙
米酒…………………………1 大匙
糖……………………………1/2 大匙

作法
. . . .

1　將烘烤鍋放入氣炸鍋，先以180度預熱5分鐘。

2　豬肉條放入氣炸鍋，以180度氣炸8分鐘（中途拉出攪拌一次）。

3　加入蒜片、洋蔥絲、蔥白段拌勻，以180度繼續氣炸3分鐘。

4　加入醬料拌勻，繼續以180度氣炸3分鐘。

5　放入辣椒片、蔥綠段部分，拌勻後繼續以180度氣炸3分鐘，即完成。

Tips　選擇帶皮的豬五花，使用氣炸鍋料理起來會皮Q肉嫩，加上偏重口味的調味，是非常下飯的一道料理。

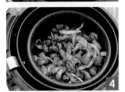

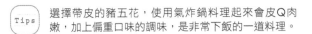

豐盛肉食 ╱ 異國風味 ╱ 海鮮料理 ╱ 健康蔬食 ╱ 午茶甜點 ╱ 幼兒小點

韭菜蒼蠅頭

材料（約 2 ～ 3 人份）

豬絞肉……………………………1 盒（約 300g）
韭菜花（切丁）……………1 把
蒜末……………………………3 ～ 4 瓣
辣椒……………………………適量（可略）
胡椒粉……………………………適量

醬料
豆豉醬……………………………1.5 大匙
醬油……………………………1.5 大匙
糖……………………………1/2 大匙
米酒……………………………1 大匙

作法

1　將烘烤鍋放入氣炸鍋，先以170度預熱5分鐘。

2　放入豬絞肉，以180度先氣炸5分鐘，中途拉出來攪拌一次。

3　加入韭菜花、蒜末、辣椒拌勻，繼續以180度氣炸5分鐘。

4　加入醬料拌勻，以180度繼續氣炸5分鐘。起鍋前加入少許胡椒粉拌勻，即完成。

Tips

1　韭菜花切成0.5公分長度，會比較容易熟成。

2　喜歡皮蛋的人，也可以加入皮蛋丁（記得先蒸熟再切丁），滋味更豐富喔。

160度
~
180度

16分鐘

白飯好朋友

雪裡紅肉末

材料（約 2 ～ 3 人份）

豬絞肉	1 盒（約 300g）
雪裡紅	3 ～ 4 把
蒜末	3 ～ 4 瓣
醬油	1 大匙
辣椒	少許
鹽巴	適量
糖	1/2 大匙
溫開水	1 大匙
白胡椒粉	適量

作法

1　烘烤鍋放入氣炸鍋，倒入少許油，放入蒜末，以160度爆香3分鐘。

2　放入豬絞肉，以180度氣炸5分鐘。（中途拉開攪拌一次）

3　加入切碎的雪裡紅、辣椒、溫開水拌勻，以180度氣炸5分鐘。（中途拉開攪拌1至2次）

4　加入醬油、鹽巴、糖、胡椒粉，拌勻，繼續以180度氣炸3分鐘，即完成。

Tips　雪裡紅又稱雪菜、醃菜、春不老、皺葉芥菜，是芥菜的一種。新鮮的芥菜或醃製成雪裡紅，都是開胃、消食，且具有多種食療功效的食物。但因為醃漬過，其中的硝酸鹽含量較高，因此也不要過量食用喔。

小豬洋圈圈

材料（約 2～3 人份）

五花肉片……………………1 盤（約 300g）
洋蔥（切成圈狀）………1/2 顆
烤肉醬……………………適量

作法

1 洋蔥洗淨、剝去外皮、切去頭尾，縱切成圈狀，
　備用。

2 取一洋蔥圈，用豬肉片一片片纏繞包裹。依序將
　洋蔥圈與豬肉片纏繞完畢。

3 豬肉洋蔥圈放入氣炸鍋，表面塗上烤肉醬。以170
　度氣炸約15分鐘，即完成。（中途翻面一次，並
　補塗烤肉醬）

Tips　喜歡起司的人，也可以在豬肉和洋蔥之間捲入起司片
　　　（切成條狀比較容易操作），這樣又能變化出另一種
　　　口味。

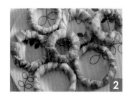

豐盛肉食　異國風味　海鮮料理　健康蔬食　午茶甜點　幼兒小點

黃瓜燴肉絲

材料（約 2 ～ 3 人份）
. . . .

豬肉絲……………………1 盒（約 300g）
小黃瓜（切片）…………1 ～ 2 支
蒜末………………………3 ～ 4 瓣
辣椒………………………少許
冷開水……………………2 大匙

醃料
沙茶醬……………………1 大匙
醬油………………………1 大匙
米酒………………………1 大匙
糖…………………………1/2 大匙
香油………………………少許

作法
. . . .

1 豬肉加入醃料拌勻，備用。

2 烘烤鍋放入氣炸鍋，以170度預熱3分鐘。

3 放入豬肉，以170度加熱5分鐘。（中途打開拌一
  下）

4 加入蒜末、辣椒、小黃瓜、冷開水拌勻，再以170
  度氣炸5分鐘。

5 起鍋前再視情況酌加鹽巴調味，即完成。

180度

20分鐘

小朋友最愛

蜜汁小雞腿

材料（約 3 ～ 4 人份）

小雞腿⋯⋯⋯⋯⋯⋯⋯⋯6 ～ 8 隻
蜂蜜⋯⋯⋯⋯⋯⋯⋯⋯⋯1 大匙

醃料
醬油⋯⋯⋯⋯⋯⋯⋯⋯⋯2 大匙
蒜末⋯⋯⋯⋯⋯⋯⋯⋯⋯3 ～ 4 瓣
薑片⋯⋯⋯⋯⋯⋯⋯⋯⋯2 ～ 3 片
胡椒粉⋯⋯⋯⋯⋯⋯⋯⋯適量
糖⋯⋯⋯⋯⋯⋯⋯⋯⋯⋯1 大匙
蜂蜜⋯⋯⋯⋯⋯⋯⋯⋯⋯1 大匙
米酒⋯⋯⋯⋯⋯⋯⋯⋯⋯2 大匙

作法

1 小雞腿加入醃料拌勻，醃漬至少1小時，等待入味。

2 將醃漬好的小雞腿放入氣炸鍋，以180度氣炸10分鐘。

3 拉出炸網、將小雞腿翻面，繼續以180度氣炸5分鐘。

4 再次拉出炸網，在小雞腿表面均勻刷上一層蜂蜜，繼續以180度氣炸5分鐘，即完成。

豐盛肉食　異國風味　海鮮料理　健康蔬食　午茶甜點　幼兒小點

柚香雞翅

材料（約 3 ～ 4 人份）
. . . .

雞翅……………………1 盒（約 10 ～ 12 隻）

醃料

柚子醬…………………1 大匙
醬油……………………1 大匙
蒜末……………………3 ～ 4 瓣
胡椒粉…………………適量

作法
. . . .

1 雞翅加入醃料拌勻，移入冰箱冷藏，醃漬一天待
  其入味。

2 將醃漬好的雞翅放入氣炸鍋，以180度氣炸10分
  鐘。

3 拉出炸網，將雞翅翻面，再繼續以180度氣炸10分
  鐘，即完成。

Tips 1 醃漬雞翅前，建議先用叉子或刀子在雞翅表面戳
       洞或劃刀，這樣會讓雞翅更容易入味喔。

     2 如果想要變換其他口味，用韓式辣醬取代柚子
       醬，便成為韓式風味辣雞翅；使用泰式酸辣醬的
       話，起鍋時淋上些許檸檬汁，就成為泰式酸辣雞
       翅囉！

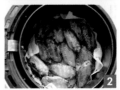

豐盛肉食 ／ 異國風味 ／ 海鮮料理 ／ 健康蔬食 ／ 午茶甜點 ／ 幼兒小點

●●●●●
180度

25分鐘

小朋友最愛

豆豉雞小翅

材料（約 2 ～ 3 人份）

雞翅⋯⋯⋯⋯⋯⋯⋯⋯5 支

醃料

豆豉醬⋯⋯⋯⋯⋯⋯⋯⋯1 大匙
蒜末⋯⋯⋯⋯⋯⋯⋯⋯3 ～ 4 瓣
醬油⋯⋯⋯⋯⋯⋯⋯⋯1 大匙
糖⋯⋯⋯⋯⋯⋯⋯⋯⋯1 大匙
白胡椒粉⋯⋯⋯⋯⋯⋯適量
香油⋯⋯⋯⋯⋯⋯⋯⋯少許
米酒⋯⋯⋯⋯⋯⋯⋯⋯1 大匙

作法

1 雞翅洗淨、擦乾、剁成小塊。

2 雞翅加入醃料拌勻，移入冰箱冷藏，醃漬1小時以上。

3 醃漬好的雞翅放入氣炸鍋，以180度氣炸25分鐘，即完成。（中間需拉出來拌勻、翻面再繼續）

豐盛肉食 / 異國風味 / 海鮮料理 / 健康蔬食 / 午茶甜點 / 幼兒小點

吮指雞腿排

材料（約1〜2人份）

去骨雞腿‧‧‧‧‧‧‧‧‧‧‧‧‧‧‧‧‧‧‧‧‧1支
樹薯粉‧‧‧‧‧‧‧‧‧‧‧‧‧‧‧‧‧‧‧‧‧適量

醃料
醬油‧‧‧‧‧‧‧‧‧‧‧‧‧‧‧‧‧‧‧‧‧‧2大匙
糖‧‧‧‧‧‧‧‧‧‧‧‧‧‧‧‧‧‧‧‧‧‧‧1大匙
米酒‧‧‧‧‧‧‧‧‧‧‧‧‧‧‧‧‧‧‧‧‧‧1大匙
蒜末‧‧‧‧‧‧‧‧‧‧‧‧‧‧‧‧‧‧‧‧2〜3瓣
五香粉‧‧‧‧‧‧‧‧‧‧‧‧‧‧‧‧‧‧‧‧少許
胡椒粉‧‧‧‧‧‧‧‧‧‧‧‧‧‧‧‧‧‧‧‧少許

作法

1 雞腿肉加入醃料，移入冰箱冷藏，醃漬至少1小時備用。

2 取出醃好的雞腿肉，表面均勻裹上一層樹薯粉，靜置等待反潮。

3 雞腿放入氣炸鍋，雞皮朝下，以180度氣炸10分鐘。

4 拉出炸網將雞腿翻面，以180度氣炸5分鐘。

5 最後拉高溫度，以190度氣炸5分鐘，即完成。

Tips

1 要讓雞腿肉快速入味，可以先用叉子戳洞或是用刀子劃幾刀再放入醃料醃漬，醃漬時可以用手揉捏雞肉，也能幫助雞肉入味喔。

2 最後拉高氣炸溫度，可以逼出更多雞肉本身的油脂，更加去油解膩！

3 食用時可擠點檸檬汁，或是搭配胡椒鹽，美味更提升。

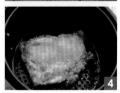

豐盛肉食　異國風味　海鮮料理　健康蔬食　午茶甜點　幼兒小點

170度
~
180度

18分鐘

酸香紫蘇梅雞

材料（約 3 ～ 4 人份）

去骨雞腿肉（切丁）……2 支
蔥花……………………1 支

醬料

紫蘇梅醬（露）………2 大匙
醬油……………………1 大匙
米酒……………………2 大匙
薑末……………………2 ～ 3 片
蒜末……………………3 ～ 4 瓣
青蔥（蔥白）…………1 支
辣椒……………………少許

作法

1 雞腿丁加入醬料拌勻。

2 將雞腿丁用烘焙紙以「紙包」方式密封包裹。

3 氣炸鍋以170度預熱3分鐘。

4 雞肉紙包放入氣炸鍋，以180度氣炸15分鐘，拉出炸網，撒上蔥花，即完成。

Tips　使用紫蘇梅醬來料理，是因為紫蘇帶有獨特香氣，搭配梅子的酸甜滋味燒入雞肉裡頭，會令人欲罷不能！當然，家裡如果沒有紫蘇梅醬，也可以使用其他梅子醬料來替代。

豐盛肉食　異國風味　海鮮料理　健康蔬食　午茶甜點　幼兒小點

course

🔥🔥🔥🔥🔥
170度
～
180度

🕐
28分鐘

嗜辣好滋味

剝皮辣椒雞

材料（約 2～3 人份）

雞翅（剁小塊）…………4～5 支

醃料

剝皮辣椒（切小段）……8～10 根

剝皮辣椒醬料……………3 大匙

糖……………………………1/2 大匙

醬油……………………………1 大匙

薑末……………………………3～4 瓣

胡椒粉……………………少許

作法

1 雞翅加入**醃料**。拌勻揉捏以入味，移入冰箱冷藏，醃漬30分鐘。

2 取烘焙紙，以紙包的方式把雞肉及醃料包裹密封。

3 氣炸鍋以170度預熱3分鐘。

4 放入雞肉紙包，以180度氣炸25分鐘，即完成。

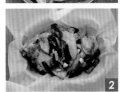

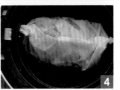

 Tips

1 「紙包」的料理方式很適合需要燒煮的料理。如果沒有烘焙紙，也可以使用鋁箔紙當包材。

2 烘焙紙有分為「表面光滑」及「表面粗糙」的款式，製作紙包料理時，請使用「表面粗糙」的款式，因為光滑的款式比較難包裹，且不易定型，可能會出現烘烤途中開口自行打開的狀況。

椒鹽皮蛋

course

170度
～
180度

13分鐘

材料（約 3～4 人份）

皮蛋………3～4 顆
太白粉……適量
蒜末………4～5 瓣
蔥花………1/2 支
辣椒………少許
胡椒鹽……適量
食用油……少許

作法

1　皮蛋清洗外殼後，放入電鍋蒸熟或水煮10分鐘。

2　將一顆皮蛋切成四瓣，表面均勻裹上一層太白粉。

3　將皮蛋平鋪放入氣炸鍋，均勻噴點油，以170度氣炸10分鐘。

4　拉開炸網，加入蒜末、蔥花、辣椒、胡椒鹽，再噴點油，以180度氣炸約3分鐘，即完成。

Tips　生皮蛋的蛋黃是膏狀的，因此先將皮蛋蒸過是為了讓蛋黃熟成凝固，會更利於後續的操作。

洋蔥焗蛋

材料（約 3～4 人份）

洋蔥（切絲）……1/3 顆
油適量
雞蛋………2 顆
黑胡椒……少許
鹽巴………少許
起司絲……適量

作法

1 取一炒鍋，開中火熱鍋，倒入適量油，待油熱後，加入洋蔥炒香。

2 將雞蛋打散，加入炒香後的洋蔥、黑胡椒、鹽巴，拌勻，倒入烤盅，上頭灑上起司絲。

3 烤盅放入氣炸鍋，以 160 度氣炸 15 分鐘，即完成。

course

●●●●●
160度

15分鐘

170度

13分鐘

椒燒滑牛

材料（約 2～3 人份）

牛肉片·····················1 盒（約 300g）
青椒（切片）············1 條
蒜末·····················4～5 瓣
辣椒（切片）············少許（可略）
溫開水···················3 大匙

醃料
醬油·····················1 大匙
糖·······················1/2 大匙
蛋液·····················少許
胡椒粉···················少許
米酒·····················1 大匙

作法

1 牛肉加入醃料，拌勻，醃漬20分鐘，備用。

2 烘烤鍋放入氣炸鍋，倒入少許油，放入蒜末，以
　170度爆香3分鐘。

3 放入醃好的牛肉，以170度氣炸5分鐘。（中間拉
　開攪拌一次）

4 放入青椒、辣椒、溫開水，拌勻後繼續以170度氣
　炸5分鐘。

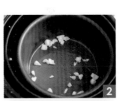

5 依照口味鹹淡，酌加鹽巴，拌勻，即完成。

Tips　青椒有點厚度，因此不要切得太大塊，會比較容易熟
成。

豐盛肉食 ／ 異國風味 ／ 海鮮料理 ／ 健康蔬食 ／ 午茶甜點 ／ 幼兒小點

Chapter 2

異國風味

～艾蘇美の氣炸小錦囊～

靈活使用不同的香料、醬料來搭配新鮮食材，就能呈現出各國料理的特殊風味，不用搭飛機出國也能感受異國風情！

孜然七里香

材料（約 2～3 人份）

七里香（雞屁股）………約 20 顆

醃料
醬油……………………2 大匙
糖………………………1 大匙
香油……………………少許
胡椒粉（胡椒鹽）………適量
孜然粉…………………1 大匙

作法

1 雞屁股洗淨、擦乾，加入**醃料**拌勻，移入冰箱冷藏，醃漬至少1小時，待其入味。

2 將雞屁股放入氣炸鍋，以180度氣炸10分鐘。

3 拉出炸網將雞屁股翻面，以180度繼續氣炸5分鐘，即完成。

Tips

1 氣炸時間要依照雞屁股的大小、肥瘦來作增減。

2 如果家裡有串燒叉或是竹籤，建議可以將雞屁股串起，這樣不但方便翻面，食用時也能直接用手拿取，很適合作為下酒小菜或是派對小品喔！

170度
180度

18分鐘

大漠牛肉串

材料（約 2～3 人份）

牛肉（切骰子狀）………約 300g
紅甜椒（切塊狀）………1/2 顆
黃甜椒（切塊狀）………1/2 顆
小黃瓜（切塊狀）………1/2 根
孜然粉…………………………適量
胡椒粉…………………………適量
鹽巴……………………………適量

作法

1 把牛肉塊、甜椒塊、小黃瓜塊混合串成一串串，
　兩面均勻灑上孜然粉及胡椒粉。

2 氣炸鍋以170度預熱5分鐘。

3 將牛肉串放入氣炸鍋，以180度氣炸10分鐘。

4 拉出炸網，將牛肉串翻面，以180度繼續氣炸3分
　鐘，即完成。

Tips

1 牛肉部位的選用沒有侷限，可以看個人愛好來挑
　選使用，像肋條較有口感，嫩肩部位就比較有油
　花且嫩。

2 出爐後可以視個人口味再灑上一些海鹽，可以提
　升風味！

3 如果不敢吃甜椒，也能用櫛瓜、小黃瓜及小番茄
　（對切）來取代，瓜類能提供水分，而小番茄加熱過
　後果皮軟化，酸甜滋味能讓牛肉風味更提升！

豐盛肉食／異國風味／海鮮料理／健康蔬食／午茶甜點／幼兒小點

▲▲▲▲▲
170度

🕐
10分鐘

👍
小朋友最愛

味噌醬燒肉

材料（約2〜3人份）

猪梅花肉片………………………4〜5片

醃料
味噌……………………………1大匙
糖………………………………1大匙
醬油……………………………1大匙
米酒……………………………1大匙
薑末……………………………2〜3片
蒜末……………………………3〜4瓣

作法

1 肉片加入醃料拌勻，移入冰箱冷藏，醃漬至少1小時。

2 將醃漬好的肉片放入氣炸鍋，以170度氣炸7分鐘。

3 拉出炸網，將猪排翻面，繼續以170度氣炸3分鐘，即完成。

Tips
1 家裡如果沒有梅花猪，也可以使用里肌肉，只是需要用工具捶打一下來斷筋，口感才會比較嫩！

2 這道料理可以一次先將猪肉排多醃一些，需要時取出幾片氣炸一下，很快就能上菜囉，很適合做為家庭常備菜。

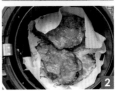

豐盛肉食 / 異國風味 / 海鮮料理 / 健康蔬食 / 午茶甜點 / 幼兒小點

蜜汁叉燒肉

材料（約 3 ～ 4 人份）
. . . .

梅花豬肉⋯⋯⋯⋯⋯⋯⋯⋯⋯約 300g

醃料
市售叉燒醬⋯⋯⋯⋯⋯⋯⋯2 大匙
糖⋯⋯⋯⋯⋯⋯⋯⋯⋯⋯⋯1/2 大匙
醬油⋯⋯⋯⋯⋯⋯⋯⋯⋯⋯1 大匙
米酒⋯⋯⋯⋯⋯⋯⋯⋯⋯⋯1 大匙
胡椒粉⋯⋯⋯⋯⋯⋯⋯⋯⋯適量

作法
. . . .

1　豬肉加入醃料拌勻，移入冰箱冷藏，醃漬至少1小時。

2　氣炸鍋以170度預熱5分鐘。

3　將豬肉放入氣炸鍋，以170度氣炸10分鐘。（過程中可以補塗叉燒醬幾次）

4　拉出炸網，將豬肉翻面，繼續以170度氣炸10分鐘，即完成。（過程中可以再補塗幾次叉燒醬）

Tips

1　氣炸的時間要依照選用的豬肉大小、厚度，來做調整。

2　豬肉醃漬前，可以先用叉子在表面戳一戳，以利醃料吸收。

3　一般市售的叉燒醬裡已經有蜂蜜的成分，醃料裡另外加了糖，是為了讓甜味的層次有所不同。如果比較喜歡單純蜂蜜的風味，也可以拿掉醃料裡的糖喔。

韓式辣雞翅

材料（約3～4人份）

雞翅·······························8～10支

醃料
韓式辣椒醬·····················2大匙
醬油·····························1大匙
米酒·····························1大匙
糖·······························1/2大匙

作法

1 雞翅加入**醃料**拌勻，移入冰箱冷藏，醃漬至少1小時。

2 將雞翅平鋪放入氣炸鍋，以170度氣炸20分鐘，即完成。（10分鐘時翻面一次）

Tips
1 起鍋前可以撒上些許白芝麻，可以增添風味！
2 市售韓式辣醬對於只能接受微辣的朋友們來說，可能偏辣，可以在醃料中加入蜂蜜，或是糖的比例拉高，可以平衡辣度。

170度

16分鐘

白飯好朋友

泰式打拋豬

材料（約 2～3 人份）

豬絞肉	1 盒（約 300g）
蒜末	5～6 瓣
小番茄（對切）	7～8 顆
九層塔	1 把
檸檬汁	1/2 顆

醬料

醬油	1 大匙
魚露	2 大匙
米酒	1 大匙
糖	1 大匙

作法

1 烘烤鍋放入氣炸鍋，以170度預熱5分鐘。

2 放入豬絞肉，以170度氣炸5分鐘。

3 拉出炸網，用筷子將豬肉拌散，加入蒜末，繼續以170度氣炸3分鐘。

4 拉出炸網，加入**醬料**、小番茄，九層塔，用筷子攪拌均勻，以170度繼續氣炸3分鐘。

5 拉出炸網，淋上檸檬汁，拌勻即可起鍋。

豐盛肉食　／　異國風味　／　海鮮料理　／　健康蔬食　／　午茶甜點　／　幼兒小點

泰好吃魚片

材料（約 2～3 人份）

鯛魚片·····························2～3 片
薑片·····························4 片
青蔥（切段）·····················2 支
米酒·····························少許

醬料

檸檬汁···························2 大匙
魚露·····························2 大匙
糖·······························1 大匙
開水·····························1 大匙
蒜末·····························3～4 瓣
辣椒·····························少許
香菜·····························少許

作法

1 在魚片表面抹上適量米酒，放在烘焙紙上，連同薑片、蔥段一起密封包起。

2 將紙包魚肉放入氣炸鍋，以170度氣炸10分鐘，取出備用。

3 盛盤，打開紙包，拿掉上面的薑片和蔥段，淋上事先調好的醬料，即完成。

Tips　這道菜用鯛魚片作改良，一方面食材取得方便，並且用紙包方式來料理，將食材移入移出時可以優雅完成！

豐盛肉食　異國風味　海鮮料理　健康蔬食　午茶甜點　幼兒小點

沙嗲雞串燒

材料（約1～2人份）

雞胸肉（或雞腿肉）（切丁）⋯⋯1塊

醃料

市售沙嗲粉（醬）⋯⋯⋯⋯⋯⋯2～3大匙

太白粉⋯⋯⋯⋯⋯⋯⋯⋯⋯⋯1大匙

作法

1　雞肉加入醃料拌勻，移入冰箱冷藏，醃漬至少1小時，待其入味。

2　取出醃好的雞肉，用竹籤串成一串串。

3　雞肉串放入氣炸鍋，以180度氣炸10分鐘。（中途翻面一次）

4　最後拉高溫度，以190度氣炸5分鐘，即完成。

Tips　使用雞胸肉雖然油脂少、較健康，但也因此口感較柴，建議在醃漬前，可以將水分次加入雞胸肉，然後用手朝同一個方向攪拌，雞肉會慢慢地將水分吸收，這個步驟就稱為「打水」。經過打水這個動作，肉質會更加滑順軟嫩。

豐盛肉食　異國風味　海鮮料理　健康蔬食　午茶甜點　幼兒小點

四川口水雞

材料（約 2〜3 人份）

去骨雞腿肉……………………1〜2 支
薑片………………………………3 片
蔥段………………………………1 支
蒜末………………………………4〜5 瓣
辣椒末……………………………1 根
香菜末……………………………少許

醃料
鹽巴………………………………少許
米酒………………………………少許
白胡椒粉…………………………適量

醬料
辣油………………………………2 大匙
醬油………………………………1 大匙
白醋………………………………2 大匙
糖…………………………………1/2 大匙

作法

1 雞腿肉抹上醃料略醃一下。（約30分鐘）

2 將雞腿肉捲起成肉捲狀，放上烘焙紙，加入薑片、蔥段、蒜末，一起捲起。

3 將雞腿捲放入氣炸鍋，以180度氣炸20分鐘，取出備用。

4 將雞腿肉切片排盤，淋上事先調好的**醬料**，灑上辣椒末、香菜末，即完成。

Tips　雞腿肉在醃漬前，可以先用叉子在雞腿兩面戳洞，或用刀子在雞肉部分劃幾刀，可以讓雞腿更入味。

豐盛肉食　異國風味　海鮮料理　健康蔬食　午茶甜點　幼兒小點

柚醬香酥雞

材料（約 2 ～ 3 人份）

去骨雞腿肉（切小塊）…	兩支
樹薯粉………………	適量

醃料

醬油………………	2 大匙
糖…………………	1/2 大匙
五香粉……………	少許
胡椒粉……………	適量
蒜末………………	4 ～ 5 瓣
米酒………………	1 大匙
蛋液………………	1/2 顆

醬料

柚子醬……………	2 大匙
開水………………	2 大匙
醬油………………	1 大匙
糖…………………	1/2 大匙

作法

1 雞腿肉加入醃料拌勻，移入冰箱冷藏，醃漬至少1小時。

2 取出醃好的雞肉，表面均勻裹上一層樹薯粉，靜置待其反潮。

3 氣炸鍋以170度預熱5分鐘。

4 雞肉放入氣炸鍋，噴一些油，以180度氣炸15分鐘，取出備用。（中途拉出來翻面一次，並補噴油）

5 取一炒鍋，開中火熱鍋，倒入醬料煮至滾。

6 放入炸好的雞肉拌勻，並煮至收汁，即可起鍋。

Chapter 3

清甜海鮮

～艾蘇美の氣炸小錦囊～

受許多人喜愛的海鮮食材,其實只要運用簡單的料理方式,便能呈現最純粹的鮮甜原味唷。在此篇章會使用幾種料理方式,讓氣炸鍋 vs 海鮮食材,撞擊出更多變化!

●●●●●
180度

🕐
15分鐘

鹽烤香魚

材料（約2人份）
∴∴∴∴∴

香魚⋯⋯⋯⋯⋯⋯⋯⋯2尾
鹽巴⋯⋯⋯⋯⋯⋯⋯⋯1大匙
檸檬⋯⋯⋯⋯⋯⋯⋯⋯1/4顆

作法
∴∴∴∴∴

1 香魚洗淨、擦乾，均勻於魚身兩面抹上薄薄一層
　鹽巴。

2 氣炸鍋以180度預熱5分鐘。

3 放入香魚，以180度氣炸10分鐘，即完成。

Tips

1 挑選香魚把握三個原則：眼睛清澈透亮、魚身有
　彈性、身體圓胖，就會是一尾好吃又新鮮的香
　魚。另外烤香魚這道料理，不需要切開魚腹清洗
　內臟，但魚鰭和尾部都是會直接吃下肚的部位，
　所以要特別拉開來清洗乾淨。

2 如果想要像日式食堂端出的香魚料理一樣，呈現
　美麗的彎曲弧度，可以用串燒叉固定香魚身體，
　再放入氣炸鍋烹調就可以囉。

椒鹽魚塊

course

●●●●●
180度

🕐
16分鐘

材料（約 2～3 人份）

鯛魚片（切塊）·············2 片
樹薯粉（或地瓜粉）······適量
蒜末·······················4 ～ 5 瓣
蔥花·······················2 支
胡椒鹽·····················適量
油·························適量

醃料

醬油·······················1 大匙
米酒·······················1 大匙
糖·························1/3 大匙
胡椒粉·····················少許
蛋液·······················1/2 顆

作法

1 鯛魚片切成適口大小，加入醃料拌勻，移入冰箱冷藏，醃漬至少1小時。

2 取出醃好的魚塊，均勻裹上樹薯粉，靜置等待粉料反潮。

3 魚塊放入氣炸鍋，噴灑少許油，以180度氣炸10分鐘。

4 拉出炸網，將魚塊翻面，再補噴一點油，繼續以180度氣炸3分鐘。

5 加入蒜末、蔥花、胡椒鹽，再補噴一點油，以180度氣炸3分鐘，即完成。

Tips 喜歡辣味的朋友，可以在最後步驟同蒜末、蔥花一起加入辣椒末氣炸，或是起鍋時灑上辣椒粉來提味。

豐盛肉食／異國風味／清甜海鮮／健康蔬食／午茶甜點／幼兒小點

橙汁魚柳

材料（約 3 ～ 4 人份）

虱目魚柳·····················約 300g
樹薯粉（或地瓜粉）···適量
白芝麻·····················少許

醃料
醬油·····················1 大匙
糖·······················1/2 大匙
米酒·····················1 大匙
蒜末·····················3 ～ 4 瓣
蛋液·····················1/2 顆
胡椒粉···················適量

醬料
香吉士（或柳橙汁）···100ml
糖·······················1 大匙
醬油·····················1 大匙
白醋·····················1 大匙

作法

1 魚柳切成適口大小，加入醃料拌勻，移入冰箱冷藏，醃漬至少30分鐘。

2 取出醃好的魚柳，均勻裹上樹薯粉，靜置待其反潮。

3 氣炸鍋以170度預熱5分鐘。

4. 放入魚柳，噴些許油，以180度氣炸10分鐘。

5 拉出炸網，將魚柳翻面，再補噴點油，繼續以180度氣炸5分鐘，即可起鍋，備用。

6 取一炒鍋，開中火熱鍋，倒入醬料，待其煮滾、呈現微濃稠狀，加入魚柳拌勻，灑上少許白芝麻，即可起鍋。

Tips 很多人不愛虱目魚是因為有很多細刺，尤其不適合小孩吃，但虱目魚柳，也稱為虱目魚里肌，其實就是虱目魚背部的肉，不僅無刺，且口感柔嫩鮮甜，很適合用來作各種料理喔！

豐盛肉食 ╱ 異國風味 ╱ 清甜海鮮 ╱ 健康蔬食 ╱ 午茶甜點 ╱ 幼兒小點

香酥下巴

材料（約 2 ～ 3 人份）

魚下巴⋯⋯⋯⋯⋯⋯⋯⋯⋯3 片
胡椒⋯⋯⋯⋯⋯⋯⋯⋯⋯⋯1 茶匙
鹽巴⋯⋯⋯⋯⋯⋯⋯⋯⋯⋯1 茶匙
米酒⋯⋯⋯⋯⋯⋯⋯⋯⋯⋯少許
油⋯⋯⋯⋯⋯⋯⋯⋯⋯⋯⋯適量

作法

1 魚下巴洗淨、擦乾，均勻灑上胡椒、鹽巴、米
　酒，稍微靜置醃漬一下。

2 氣炸鍋以180度預熱5分鐘。

3 放入魚下巴，噴上少許油，以180度氣炸15分鐘，
　即完成。

Tips
1 魚皮部分要視情況補點油，氣炸後的口感會較酥
　脆。
2 食用時可擠上少許檸檬汁，可以增添風味。
3 魚下巴泛指所有魚的下巴，因此只要挑選喜歡的
　肉質的魚種就可以囉！

冬瓜漬鱈魚

材料（約2～3人份）
....

鱈魚（小）.................4 片
薑片.....................4 片
蒜片.....................2 瓣
蔥段.....................2 支
鹹冬瓜...................1～2 塊
鹹冬瓜醬料...............1 大匙
米酒.....................2 大匙
香油.....................少許

作法
....

1 取一張烘焙紙，放上所有材料，以紙包的方式密
　 封包好。

2 放入氣炸鍋，以180度氣炸15分鐘，即完成。

Tips　醃漬鹹冬瓜是很傳統的一種食材，是用新鮮冬瓜，加
　　　入鹽、糖、米酒、豆醬醃漬而成，味道鹹鮮，是很適
　　　合搭配海鮮料理的佐料，可以讓鮮味更明顯，並帶有
　　　回甘滋味。

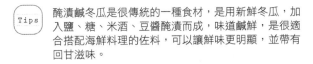

豐盛肉食／異國風味／清甜海鮮／健康蔬食／午茶甜點／幼兒小點

111

氣炸虱目魚

材料（約1～2人份）

虱目魚肚⋯⋯⋯⋯⋯⋯⋯⋯1片
米酒⋯⋯⋯⋯⋯⋯⋯⋯⋯⋯1大匙
鹽巴⋯⋯⋯⋯⋯⋯⋯⋯⋯⋯少許
白胡椒粉⋯⋯⋯⋯⋯⋯⋯⋯適量
油⋯⋯⋯⋯⋯⋯⋯⋯⋯⋯⋯1大匙

作法

1 虱目魚肚洗淨、擦乾，抹上米酒、鹽巴、白胡
  椒、油，備用。

2 氣炸鍋以170度預熱5分鐘。

3 虱目魚放入氣炸鍋，魚肚朝上，以170度氣炸10分
  鐘。

4 最後調高溫度，以190度氣炸5分鐘，即完成。

Tips　若喜歡魚皮脆脆口感的話，可以將魚皮朝上放置，魚
皮記得抹點油喔！

More Recipe →蒲燒虱目魚

虱目魚肚1片、白芝麻少許
（醬料）醬油2大匙、味霖4大匙、米酒2大匙、糖1大匙

將醬料所有材料混合後，加熱煮滾至微濃稠狀，熄火備用。
虱目魚肚（魚肚朝上）放入氣炸鍋，以170度氣炸5分鐘。刷
上醬料，繼續氣炸5分鐘；再刷一層醬料，繼續氣炸3分鐘。
最後一次刷上醬料、灑上一點白芝麻，溫度調高為180度，氣
炸3分鐘，鹹鹹甜甜，充滿日式風味的蒲燒虱目魚就完成囉！

course

180度

15分鐘

小朋友最愛

奶香蒜鮭魚

材料（約1～2人份）
·······

鮭魚………………………………1 片
蒜頭………………………………5 瓣
鹽巴………………………………少許
米酒………………………………1/2 大匙
有鹽奶油…………………………100g
新鮮巴西利葉（或巴西利粉）……適量

作法
·······

1　鮭魚洗淨、擦乾，魚身兩面都均勻抹上少許鹽巴，加入米酒醃漬10分鐘。

2　準備食物調理機，加入蒜頭、奶油、巴西利葉，攪打均勻成蒜香奶油醬。

3　把蒜香奶油醬均勻塗抹在鮭魚表面，以180度氣炸15分鐘，即完成。

Tips
1　氣炸時間需要依照魚的大小、厚度，來稍作調整。
2　蒜香奶油醬沒用完可冷藏保存約7天，也可以用來烤吐司，非常美味。

3

豐盛肉食　異國風味　清甜海鮮　健康蔬食　午茶甜點　幼兒小點

酒釀魚塊

course

170度
180度

15分鐘

材料（約 2 ～ 3 人份）

鯛魚片（切塊狀）……1 大片
樹薯粉（或地瓜粉）·適量
洋蔥（切絲）………1/2 個
蒜末…………………2 ～ 3 瓣
蔥白（切段）………1 支
蔥綠（切段）………1 支

醃料

米酒……………………1 大匙
白胡椒粉………………少許
醬油……………………1 大匙
糖………………………1/2 大匙
香油……………………1 大匙

醬料

酒釀……………………2 大匙
醬油……………………1 大匙
糖………………………1/2 大匙
水………………………1/2 米杯

作法

1 鯛魚片加入醃料拌勻，醃漬至少20分鐘。

2 取出醃好的魚片，均勻裹上樹薯粉，靜置待其反潮。

3 氣炸鍋以170度預熱5分鐘。

4 放入魚片，噴上少許油，以170度氣炸約5分鐘。

5 拉出炸網，將魚片翻面，再補噴點油，以180度繼續氣炸5分鐘，即可取出，備用。

6 取一炒鍋，開中火熱鍋，倒入油加熱。放入洋蔥、蔥白、蒜末煸炒爆香。

7 加入醬料拌炒，待其燒滾。

8 放入炸好的魚片燴煮，煮到收汁，便加入蔥綠拌勻，即可起鍋。

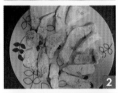
1

2

6

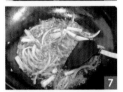
7

8

豐盛肉食 ／ 異國風味 ／ 清甜海鮮 ／ 健康蔬食 ／ 午茶甜點 ／ 幼兒小點

鹽烤白帶魚

材料（約 1～2 人份）

白帶魚·····························2～3 片
鹽巴·····························少許
米酒·····························1 大匙

作法

1 白帶魚洗淨、擦乾水份，灑上米酒，抹上適量鹽巴，靜置醃漬10分鐘。

2 氣炸鍋以170度預熱5分鐘。

3 放入白帶魚，表面噴點油，以180度氣炸10分鐘。

4 拉出炸網，將白帶魚翻面，以180度繼續氣炸5分鐘，即完成。

Tips

1 魚肉如果比較厚可以在表面用刀畫井字，能夠縮短氣炸時間。

2 氣炸時間要隨著魚肉大小及厚度來做調整。

More Recipe →白帶魚米粉湯

白帶魚1尾、粗米粉（泡軟）2把、蛤蜊10顆、薑絲適量、紅蔥頭適量、蒜末3瓣、蒜苗（切珠）1根、冷開水100cc、米酒1大匙、鹽巴、白胡椒粉、香油

白帶魚去除內臟、洗淨、切段，以上述食譜方式氣炸完成。起鍋，加入香油，放入薑絲、紅蔥頭、蒜頭、蒜白爆香；加入冷開水，水滾後加入鹽巴、醬油、白帶魚、粗米粉（剪小段）、蛤蜊。待蛤蜊開後，熄火，加入蒜綠、白胡椒粉、米酒，鮮味滿滿的白帶魚米粉湯就完成囉！

爆汁胡椒蝦

course

●●●●●
170度

🕐
15分鐘

材料（約 2～3 人份）

蝦子…………半斤（約 300g）
黑胡椒粒……1 大匙
白胡椒粉……1 大匙
鹽巴…………少許
蒜末…………4～5 瓣
油……………1 大匙

作法

1 蝦子洗淨、瀝乾，加入所有材料拌勻，備用。

2 氣炸鍋以170度預熱5分鐘。

3 放入蝦子，以170度氣炸10分鐘，即完成。

Tips

1 如果想要胡椒味重一些，可以在氣炸過程中將白胡椒粉陸續補加入至蝦子中，並攪拌均勻。

2 處理蝦子時，建議將尖刺及觸鬚先剪除，食用時就能放心大快朵頤，不怕被刺到了。

上癮鹽焗蝦

材料（約 2～3 人份）

蝦子……半斤（約 300g）
鹽巴……7～8 大匙

作法

1 蝦子洗淨、擦乾，備用。

2 在炸網中鋪上一張烘焙紙，平鋪入蝦子。

3 將鹽巴稍微厚鋪一層在蝦子上。以170度氣炸5分鐘。

4 拉出炸網，將蝦子翻面，再鋪上一層鹽巴於蝦子上。繼續以170度氣炸5分鐘，即完成

course

170度

10分鐘

豐盛肉食 ╱ 異國風味 ╱ 清甜海鮮 ╱ 健康蔬食 ╱ 午茶甜點 ╱ 幼兒小點

🔥🔥🔥🔥🔥
170度

🕐
10分鐘

鳳梨愛蝦球

材料（約 2～3 人份）
┈┈┈┈┈┈

去殼蝦仁┈┈┈┈┈┈┈┈┈半斤（約 300g）
鳳梨（罐頭）┈┈┈┈┈┈2～3 片
美乃滋┈┈┈┈┈┈┈┈┈┈適量
樹薯粉（或地瓜粉）┈┈┈適量

醃料
鹽巴┈┈┈┈┈┈┈┈┈┈┈少許
胡椒粉┈┈┈┈┈┈┈┈┈┈少許
米酒┈┈┈┈┈┈┈┈┈┈┈1 大匙
蛋白┈┈┈┈┈┈┈┈┈┈┈少許

作法
┈┈┈┈┈┈

1 去殼蝦仁開背（用刀將背部直線劃開）、挑出腸泥，洗淨，擦乾。

2 蝦仁加入醃料抓勻，稍微醃漬一下，備用。

3 取出罐頭鳳梨，瀝乾湯汁，分切成適口大小，備用。

4 取出醃漬好的蝦仁，均勻裹上樹薯粉，靜置反潮。

5 蝦仁放入氣炸鍋，噴點油，以170度氣炸10分鐘，即可取出，備用。（中途拉開翻面一次）

6 鳳梨與炸好的蝦球拌勻，盛盤，上桌前淋上適量的美乃滋，即完成。

月亮蝦餅

170度～180度

13分鐘

材料（約 3 ～ 4 人份）

潤餅皮 ………………………… 4 片
草蝦仁 ………………………… 150g
花枝漿 ………………………… 100g
豬絞肉（肥一些）……………… 100g
白胡椒粉 ……………………… 1 茶匙
鹽巴 …………………………… 1 茶匙
糖 ……………………………… 1/2 大匙
米酒 …………………………… 1 大匙
蛋白 …………………………… 1 個
玉米粉 ………………………… 1 大匙

作法

1 取蝦仁100g，加入除潤餅皮外的所有材料，放入食物調理機打成細緻的泥狀。

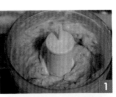

2 將剩餘的蝦子用菜刀切成小塊狀，加入攪好的蝦泥拌勻，以增加口感。

3 取一張潤餅皮，均勻抹上適量的蝦餡料，再覆蓋上一張潤餅皮，用手稍微壓實一些。用牙籤在蝦餅表面均勻地戳幾個洞。

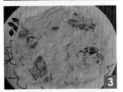

4 蝦餅放入氣炸鍋，在表面稍微噴點油，以170度氣炸10分鐘。

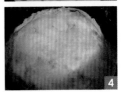

5 拉出炸網，將蝦餅翻面，再噴點油，以180度氣炸3分鐘，即完成。

Tips

1 外皮也可使用春捲皮、水餃皮、餛飩皮等等來製作喔。

2 家裡若沒有食物調理機，也可以直接用刀子將材料剁成泥狀。

3 食用時搭配泰式甜雞醬會更美味。

豐盛肉食 / 異國風味 / 清甜海鮮 / 健康蔬食 / 午茶甜點 / 幼兒小點

160度
~
170度

18分鐘

酒香蛤蜊

材料（約 3～4 人份）
....

蛤蜊	1 斤（約 600g）
蒜末	5～6 瓣
薑末	4 片
蔥花	1 碗（蔥白蔥綠分開）
辣椒	少許（可略）
米酒	1/3 碗
奶油	10g

作法
....

1 烘烤鍋放入氣炸鍋中，加入少許油，放入蒜末、薑末、蔥花（蔥白部分），以160度爆香3分鐘。

2 放入蛤蜊，將食材拌均，以170度氣炸10分鐘。（中途拉出攪拌1～2次）

3 加入蔥花（蔥綠部分）、辣椒、米酒、奶油拌勻，再以170度氣炸5分鐘，即完成。

Tips 蛤蜊是很多人喜歡的食材，更是小朋友的最愛，但從市場將新鮮蛤蜊買回家之後，該怎麼保存才能維持新鮮呢？有以下兩種方法：

1 蛤蜊放入容器，放進一點點的水（可以保持濕潤的量就可以了），再覆蓋上沾濕的餐巾紙，
然後就可以放入冰箱冷藏了。然後每天都要查看餐巾紙是否保持濕潤喔！

2 將蛤蜊用塑膠袋裝好，將塑膠袋開口旋轉幾圈扭緊，然後用叉子將塑膠袋戳出幾個洞，裝入容器中，再放入冰箱冷藏。

豐盛肉食 ／ 異國風味 ／ 清甜海鮮 ／ 健康蔬食 ／ 午茶甜點 ／ 幼兒小點

豆豉鮮蚵

材料（約 3 ～ 4 人份）

牡蠣……………………約 1 飯碗量
蒜末……………………3 ～ 4 瓣
薑末……………………1 大匙
蔥花……………………3 支
辣椒……………………少許（可略）

醬料

豆豉醬…………………1.5 大匙
醬油……………………1 大匙
糖………………………1/2 大匙
米酒……………………2 大匙
香油……………………少許

作法

1 牡蠣放入篩網中，灑上適量太白粉輕輕抓勻，再用小流量的清水沖洗，直到沒有黏液才是清洗乾淨喔。

2 起一鍋滾水，放入牡蠣川燙5秒即熄火，將牡蠣撈起，沖冷水後，備用。

3 取一烘焙紙墊底，放入牡蠣及其他材料與**醬料**（蔥綠除外），稍微拌勻，以紙包方式包裹密封。

4 將紙包牡蠣放入氣炸鍋，以180度氣炸8分鐘。出爐後再灑上蔥綠，稍微攪拌，即完成。

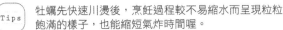

> **Tips** 牡蠣先快速川燙後，烹飪過程較不易縮水而呈現粒粒飽滿的樣子，也能縮短氣炸時間喔。

奶焗扇貝

材料（約2～3人份）

扇貝……………………3～4顆
焗烤起司………………適量
美乃滋…………………適量
義式香料（巴西利粉）…少許

作法

1 作法：

1 扇貝拿出冰箱解凍，並用刷子將貝殼刷洗乾淨。

2 解凍完成的扇貝灑上適量起司，擠上美乃滋，再灑上巴西利香料。

3 將扇貝放入氣炸鍋，以170度氣炸6分鐘，表面呈現金黃色，即完成。

170度

6分鐘

小朋友最愛

焗烤奶油蝦

材料（約2～3人份）

草蝦（或明蝦）·4～5隻
蒜香奶油醬·········適量（請
參考 P115 蒜香奶油醬的
作法）
起司絲··············適量
巴西利粉···········少許

作法

1 蝦子用剪刀開背、挑去腸泥、洗淨備
用。

2 在蝦肉塗上香蒜奶油醬，放上起司絲，
再灑上巴西利粉。

3 將蝦子放入氣炸鍋，以170度氣炸7分
鐘，起司呈現金黃色，即完成。

course

160度
↓
170度

7分鐘

🔥🔥🔥🔥🔥
170度

🕐
18分鐘

芹菜中卷

材料（約2～3人份）
·······

中卷（切圈）················1尾
芹菜（切段）··············1小把
薑絲·····················適量
辣椒····················少許（可略）
鹽巴·····················1茶匙
米酒·····················2大匙
太白粉··················1大匙
香油·····················少許

作法
·······

1 把所有材料全部混合拌勻。

2 用烘焙紙鋪底，放上所有材料，以紙包的方式包
  裹密封。

3 將紙包中卷放入氣炸鍋，以170度氣炸約18分鐘，
  即完成。

Tips　清洗小卷的方式如下：

1 將小卷的頭與身體分離，並將內臟去除。

2 牙齒一定要拔掉，以免食用時刺到喔。

3 眼睛先劃一刀後，再把裡面的液體擠乾淨。

4 將小卷身體中的軟骨，慢慢抽出。

5 用刀將表皮輕輕劃開，再用手將皮剝除，最後用
  水沖洗乾淨。

p.s小卷的膜是腥味來源，因此建議剝除乾淨喔。

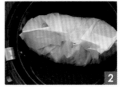

豐盛肉食 ╱ 異國風味 ╱ 清甜海鮮 ╱ 健康蔬食 ╱ 午茶甜點 ╱ 幼兒小點

●●●●●
180度
〜
190度

🕐
13分鐘

小朋友最愛

酥炸花枝排

材料（約2〜3人份）
·······

花枝	1 尾
鹽巴	1 茶匙
糖	1 小匙
白胡椒粉	適量
玉米粉	2 大匙
麵粉	適量
蛋液	1 顆
麵包粉	適量

作法
·······

1 花枝洗淨、切小塊，放入食物調理機，並加入鹽、糖、胡椒粉、玉米粉，均勻攪打成花枝泥備用。

2 手部沾水，取出適量的花枝泥塑型成花枝排狀，並依序沾上麵粉、蛋液、麵包粉。

3 將花枝排放入氣炸鍋，噴上適量的油，以180度氣炸10分鐘。

4 拉出炸網，將花枝排翻面，補噴點油，以190度氣炸3分鐘，即完成。

Tips
1 花枝排不要做得太厚，因為氣炸後會再膨脹。
2 食用時可沾上甜辣醬或泰式甜雞醬會更美味。

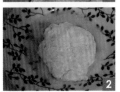

豐盛肉食／異國風味／清甜海鮮／健康蔬食／午茶甜點／幼兒小點

Chapter 4

健康蔬食

～艾蘇美の氣炸小錦囊～

氣炸鍋雖然很適合料理本身帶有豐富油脂的食材，其實相對健康無油的蔬菜也可以用氣炸鍋來料理，只要掌握幾個訣竅，就能簡單料理出滋味豐富、口感清脆的蔬菜料理。

▲▲▲▲▲
190度

🕐
15分鐘

鮮汁高麗菜

材料
········

高麗菜······························1/4 顆
鹽巴·······························適量
蒜末······························2～3 瓣
奶油······························適量
水································2 大匙
烘焙紙···························1 張

作法
········

1 高麗菜洗淨、用手剝或切成小片,拌入鹽巴、蒜末、奶油、水。

2 將高麗菜放上烘焙紙,以紙包的方式將高麗菜密封包裹。

3 將紙包高麗菜放入氣炸鍋,以190度氣炸15分鐘,即完成。

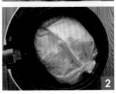

Tips
1 用紙包的方式更能保留青菜的鮮甜與水份。
2 適量加點水可以產生蒸煮的效果,讓青菜口感更好!

豐盛肉食 ／ 異國風味 ／ 海鮮料理 ／ 健康蔬食 ／ 午茶甜點 ／ 幼兒小點

course

●●●●●
160度

🕐
7分鐘

起司櫛瓜盅

材料（約 2 人份）

....

櫛瓜（切片）…………………1 條
洋蔥（切絲）…………………1/2 顆
蒜頭…………………………2 ～ 3 瓣
黑胡椒………………………1 茶匙
鹽巴…………………………1 茶匙
焗烤用起司…………………適量

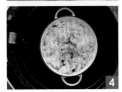

作法

....

1 取一炒鍋，開中火熱鍋，倒入油加熱，放入洋蔥、蒜頭，拌炒出香味後，放入櫛瓜，拌炒約1分鐘。

2 加入胡椒、鹽巴調味，熄火。

3 把炒過的洋蔥櫛瓜放入烤盅，灑上適量起司。

4 將烤盅放入氣炸鍋，以160度氣炸7分鐘，即完成。

紙包焗百菇

course

材料（約 2 ～ 3 人份）

綜合菇類（隨個人喜好）……適量
洋蔥……………………………1/2 顆
奶油……………………………20g
蒜末……………………………4 ～ 5 瓣
黑胡椒…………………………1 茶匙
鹽巴……………………………1 茶匙
烘焙紙…………………………1 張

作法

1 將所有材料混合拌勻，放上
　烘焙紙，並用紙包方式包裹
　起來。

2 將紙包百菇放入氣炸鍋，以
　180度氣炸10分鐘，即完成。

180度

10分鐘

奶油甜玉米

材料（約1～2人份）
....

玉米·······························1～2支
有鹽奶油··························適量
錫箔紙·····························2張

作法
....

1　玉米和奶油放到錫箔紙上，將食
　　材包裹起來。

2　將玉米放入氣炸鍋，以180度氣
　　炸15分鐘，即完成。

course

180度

15分鐘

乾煸四季豆

材料（約 2 ～ 3 人份）

四季豆……………………1 把
豬絞肉……………………1/2 碗（約 150g）
蒜末……………………3 ～ 4 瓣
蝦米……………………1 大匙
糖………………………1 大匙
醬油……………………1 大匙
鹽巴……………………適量
胡椒粉…………………適量
油………………………1 大匙

作法

1　蝦米浸泡米酒以去腥，待軟化後切碎，備用。

2　四季豆洗淨，挑去粗纖維，倒入油拌勻。

3　四季豆放入氣炸鍋，以180度氣炸10分鐘，取出備用。（中途要翻個1～2次）

4　取一炒鍋，開中火熱鍋，倒入少許油，待油熱後，放入蝦米煸香。

5　放入豬絞肉，均勻炒散直到肉色變白。

6　加入蒜頭炒香，並加入糖、醬油，拌炒均勻。

7　加入氣炸後的四季豆，拌炒均勻。起鍋前加入鹽巴、胡椒粉調味，即完成。

Tips　嗜辣者可以另外酌加辣椒拌炒，會更具風味喔！

五香杏鮑菇

材料（約 3 ～ 4 人份）
. . . .

杏鮑菇……………………3 ～ 4 支
五香粉……………………少許
胡椒粉……………………少許
鹽巴………………………1 茶匙
蛋液………………………1/2 顆
樹薯粉（或地瓜粉）……3 大匙
油…………………………適量

作法
. . . .

1 杏鮑菇切塊狀，加入五香粉、胡椒粉、鹽巴拌勻，備用。

2 加入蛋液拌勻，再均勻裹上樹薯粉。

3 將杏鮑菇放入氣炸鍋，均勻噴上一層油，以180度氣炸10分鐘。

4 拉出炸網，翻動一下杏鮑菇，並補噴一次油，繼續以180度氣炸5分鐘，即完成。

Tips 菇類盡量不要水洗才不會失去風味，只需要用廚房紙巾稍微擦拭即可。

豐盛肉食 ／ 異國風味 ／ 海鮮料理 ／ 健康蔬食 ／ 午茶甜點 ／ 幼兒小點

course

180度

10分鐘

櫛瓜小煎餅

材料（約 2～3 人份）

櫛瓜（切片）………………1 條
麵粉………………………適量
蛋液………………………1 顆

作法

1 櫛瓜洗淨、切去頭尾、切成片狀，依序裹上麵粉、蛋液。

2 將櫛瓜片放入氣炸鍋，表面噴上一層油，以180度氣炸10分鐘，即完成。（中途拉出翻面一次）

Tips

1 櫛瓜口感清脆、水分多，因此切片時不要切太薄，約0.5公分厚即可，才能吃到櫛瓜的特殊口感。

2 上桌食用時可搭配少許鹽巴、胡椒粉，能更提升櫛瓜的清甜味。

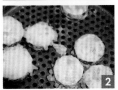

碳烤香玉米

材料

玉米⋯⋯⋯⋯⋯⋯⋯⋯2支
（甜玉米或糯玉米皆可）

醬料

沙茶醬⋯⋯⋯⋯⋯⋯⋯1大匙
花生醬⋯⋯⋯⋯⋯⋯⋯1大匙
糖⋯⋯⋯⋯⋯⋯⋯⋯⋯1大匙
醬油⋯⋯⋯⋯⋯⋯⋯⋯1大匙
白芝麻⋯⋯⋯⋯⋯⋯⋯1小匙

作法

1　玉米剝除葉子，用小刷子刷洗乾淨，擦乾水分。

2　將玉米放入氣炸鍋，以170度氣炸10分鐘。

3　在玉米表面均勻塗上**醬料**，以170度氣炸10分鐘。最後2分鐘，拉出炸網，均勻灑上白芝麻後，推入續炸，即完成。（中間可再補刷幾次醬料）

Tips　要怎麼挑選好吃的玉米呢？

　　1　外葉鮮綠：若外葉枯黃就表示玉米過熟、沒有水分囉！

　　2　輕輕按壓：挑選時可以輕壓玉米頭及尾部，若是感覺軟軟的，則表示玉米可能授粉不完全、發育不好，能食用的部分較少。

　　3　聞聞異味：若外葉枯黃就表示玉米過熟，也可能臭酸，尤其夏天氣溫高，玉米更容易熟透而導致腐壞。

涮嘴牛蒡酥

材料（約 2～3 人份）

牛蒡······························1/2 支
鹽水······························1 碗
麵粉······························3 大匙
糖································1 大匙
黑芝麻··························適量
油································1 大匙

作法

1 牛蒡洗淨、刨去外皮，用刨刀刨成薄片，浸泡鹽
　水以防氧化，備用。

2 牛蒡充分瀝乾水份，加入麵粉、糖、黑芝麻、
　油，攪拌均勻。

3 牛蒡放入氣炸鍋，以160度氣炸15分鐘。（中間需
　不時拉出炸網將牛蒡拌開）

4 最後以140度氣炸5分鐘，即完成。

Tips
1 氣炸牛蒡時，中間要不時翻拌，才能使牛蒡快速
　乾爽、酥脆，且不易燒焦。

2 氣炸完成後可以將牛蒡放置一旁，待其冷卻後會
　更酥脆。若久放一段時間後有受潮現象，可再放
　入氣炸鍋，低溫回烤，便能恢復酥脆口感。

豐盛肉食　異國風味　海鮮料理　健康蔬食　午茶甜點　幼兒小點

韭菜煎餅

材料（約 2～3 人份）

韭菜（切小段）…………1 把（約 200g）
雞蛋…………………………2 顆
低筋麵粉…………………約 80g
糖……………………………1 小匙
鹽巴………………………1 茶匙
香油………………………1 小匙
白胡椒粉…………………1 茶匙

作法

1 韭菜加入所有材料拌勻。

2 炸網中鋪入烘焙紙，用湯匙舀適量的麵糊放入，
　再將麵糊均勻攤開成一圓餅狀。

3 以170度氣炸5分鐘。

4 拉出炸網，拿掉烘焙紙，再補噴一些油，以180度
　繼續氣炸7分鐘，即完成。

Tips　氣炸麵糊時，一開始氣炸時，可以在底下鋪烘焙紙，
　　　等麵糊受熱凝結後再拿掉烘焙紙繼續氣炸，這種做法
　　　可以讓煎餅更乾爽酥香。

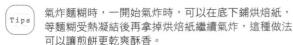

日式揚出豆腐

材料（約 2～3 人份）

雞蛋豆腐（切塊）⋯⋯⋯1 盒
麵粉⋯⋯⋯⋯⋯⋯⋯⋯⋯適量
蛋液⋯⋯⋯⋯⋯⋯⋯⋯⋯1 顆
麵包粉⋯⋯⋯⋯⋯⋯⋯⋯適量

醬料
醬油⋯⋯⋯⋯⋯⋯⋯⋯⋯1 大匙
味霖⋯⋯⋯⋯⋯⋯⋯⋯⋯2 大匙
蘿蔔泥⋯⋯⋯⋯⋯⋯⋯⋯2 大匙
柴魚片⋯⋯⋯⋯⋯⋯⋯⋯少許
蔥花⋯⋯⋯⋯⋯⋯⋯⋯⋯1/2 支

作法

1 雞蛋豆腐切塊，依序沾上麵粉、蛋液、麵包粉。

2 豆腐放入氣炸鍋，表面均勻噴上一層油，以170度氣炸8分鐘。

3 拉出炸網，將豆腐翻面，噴點油，繼續以170度氣炸5分鐘。

4 炸好的豆腐裝盤，直接沾醬料食用，或是將醬料淋上豆腐，即完成。

豆腐酥酥

材料（約 2～3 人份）

板豆腐 ····················· 1 塊
油 ·························· 適量

作法

1 豆腐用廚房紙巾擦乾水份，在表面均勻噴上一層油脂。

2 將豆腐放入氣炸鍋，以180度氣炸15分鐘，中途翻面一次。

3 最後調高溫度，以200度氣炸3分鐘，即完成。

course

180度
~
200度

18分鐘

(Tips) 可以搭配蒜蓉醬或泡菜一起享用，美味更加倍！

培根蘆筍卷

材料（約 2～3 人份）

培根⋯⋯⋯⋯⋯⋯⋯⋯4 片
蘆筍（切段）⋯⋯⋯⋯⋯適量

作法

1 取出培根，將 1 條培根對切成 2 片，備用。

2 蘆筍洗淨、削去莖部略粗纖維，備用。

3 蘆筍用培根捲起，用竹籤固定。

4 將培根蘆筍卷放入氣炸鍋，以 170 度氣炸 8 分鐘，即完成。

course

170度

8分鐘

course

170度
~
180度

🕐 15分鐘

👍 小朋友最愛

巧口玉米球

材料（約 2 ～ 3 人份）

玉米粒·······················約 300g
鹽巴·······················1.5 茶匙
低筋麵粉·······················3 ～ 4 大匙
焗烤起司絲·······················2 大匙

作法

1 玉米粒加入所有材料，拌勻成黏稠狀態。

2 用手抓取適量玉米泥，塑型成圓球狀。（手沾點水再抓取比較不黏手、好塑型）

3 將玉米球放入氣炸鍋，以170度氣炸5分鐘。（讓球體定型）

4 拉出炸網，在玉米球表面噴少許油，繼續以180度氣炸10分鐘，即完成。

金針菇花開

材料（約 1～2 人份）

金針菇……………………………1 包
蛋液………………………………1 顆
樹薯粉（或地瓜粉）……適量
油…………………………………適量
胡椒鹽……………………………適量

作法

1 金針菇切除根部，略洗淨，切成薄片狀，備用。

2 將各株金針菇分別沾上蛋液，再均勻裹上樹薯粉，靜置一下待其反潮。

3 將金針菇放入氣炸鍋，噴上少許油，以170度氣炸10分鐘。

4 拉出炸網，將金針菇翻面，再補噴點油，以180度氣炸3分鐘，即完成。

 Tips　食用時灑上一些胡椒鹽，風味更佳！

豐盛肉食　異國風味　海鮮料理　健康蔬食　午茶甜點　幼兒小點

高麗菜丸子

材料（約2～3人份）

高麗菜（切碎）…………約230g
紅蘿蔔絲………………約40g
芹菜末…………………1大匙
蔥花……………………2大匙
鹽巴……………………1茶匙
雞蛋……………………1顆
糖………………………1/2大匙
白胡椒…………………適量
沙拉油…………………1大匙
低筋麵粉………………100g

作法

1 取一容器，放入高麗菜、紅蘿蔔、芹菜、蔥花，拌勻後加入鹽巴，抓勻。

2 加入雞蛋、糖、白胡椒、沙拉油、麵粉拌勻成黏稠狀麵糊。

3 用手抓取適量高麗菜糊，塑型成丸子狀，放入氣炸鍋。（建議在炸網中鋪上烘焙紙）

4 以170度氣炸5分鐘，待麵糊凝結，拉出炸網，表面噴上一些油，再以180度繼續氣炸10分鐘，即完成。

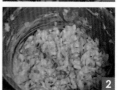

Tips

1 所需的麵粉量可依照高麗菜實際出水後的狀態作調整，加入的麵粉量只要可以使其成團的狀態就可以停止。

2 蔬菜種類不一定使用高麗菜，可依照個人喜好使用其他蔬菜來替換喔。

豐盛肉食　異國風味　海鮮料理　健康蔬食　午茶甜點　幼兒小點

Chapter 5

午茶甜點

～艾蘇美の氣炸小錦囊～

對很多人來說，看起來美味的點心，做起來卻手續繁複、耗費時間，因而卻步，但在這個篇章，多是使用一般生活中常見的且易取得的食材，並簡化步驟，讓廚房新手也能簡單做出美味又漂亮的點心。

葡萄吐司布丁

course

160度

20分鐘

小朋友最愛

材料（約2人份）

葡萄吐司（切小丁）……兩片
牛奶…………………………100ml
鮮奶油……………………50ml
奶油（加熱融化）………10g
糖……………………………20g
蛋……………………………1 顆
糖粉………………………少許
（裝飾用可略）

作法

1 把牛奶、鮮奶油、糖、奶油、蛋放入容器，拌勻成布丁液，備用。

2 取一烤盅，放入吐司塊，再倒入布丁液，靜置約5分鐘，讓吐司吸飽布丁液。

3 將烤盅放入氣炸鍋，以160度氣炸20分鐘，出爐後表面灑上糖粉裝飾，即完成。

蝴蝶脆餅

材料（約 2～3 人份）
......

蝴蝶義大利麵	150g
鹽巴	少許
橄欖油	少許
奶油（或沙拉油）	適量
砂糖	適量

作法
......

1　起一鍋滾水，放入蝴蝶義大利麵，加入少許鹽巴與橄欖油，煮約9分鐘後撈起，瀝乾備用。

2　煮熟的蝴蝶麵趁熱拌入奶油或任何油脂。（使用奶油香氣較足）

3　蝴蝶麵放入氣炸鍋，以160度氣炸25分鐘，起鍋後灑入砂糖或胡椒鹽拌勻，即完成。

course

160度

25分鐘

小朋友最愛

ιιιιι
170度

15分鐘

花生酥餅

材料（約 2 ～ 3 人份）
· · · · · · ·

奶油（室溫軟化）⋯⋯⋯40g
糖粉⋯⋯⋯⋯⋯⋯⋯⋯⋯40g
蛋液⋯⋯⋯⋯⋯⋯⋯⋯⋯1 顆
花生醬⋯⋯⋯⋯⋯⋯⋯⋯30g
低筋麵粉⋯⋯⋯⋯⋯⋯⋯150g

作法
· · · · · · ·

1 取一容器，放入奶油、糖粉，使用打蛋器或食物
調理機，攪打至呈現棉絮狀且顏色略微泛白。

2 蛋液分次加入，持續攪打至完全吸收。

3 加入花生醬，繼續攪打均勻。

4 分次加入低筋麵粉，打勻成不黏手的麵糰。

5 雙手沾水後，抓取適量麵糰，搓圓、壓成餅狀，
再用叉子壓出井字紋。

6 將酥餅放入氣炸鍋，以170度氣炸15分鐘。氣炸完
畢後再悶一下，即完成。

Tips

1 氣炸的時間需依照每次製作的餅乾大小、厚度而
略作調整。

2 待餅乾完全冷卻後才能密封保存，較不容易因受
潮而影響口感。

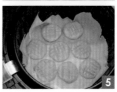

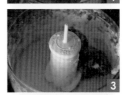

豐盛肉食 ╱ 異國風味 ╱ 海鮮料理 ╱ 健康蔬食 ╱ 午茶甜點 ╱ 幼兒小點

玉米蛋餅

材料（約 1 人份）

市售蛋餅皮………………………1 張
雞蛋………………………………1 顆
玉米粒……………………………2 大匙
鹽巴………………………………少許
胡椒粉……………………………少許

作法

1　蛋餅皮放進氣炸鍋，噴上少許油，以170度氣炸5
　　分鐘。

2　取一容器，放入雞蛋、玉米、鹽巴、胡椒粉，拌
　　勻後倒在蛋餅皮上，以180度氣炸8分鐘。

3　蛋液熟成後，將蛋餅皮用邊壓邊卷的方式卷起，
　　即完成。

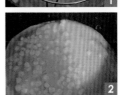

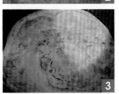

Tips　喜歡表面酥脆口感的話，在蛋餅壓卷起來後，拉高氣
　　　炸溫度至190度，氣炸3分鐘即可。

豐盛肉食 ／ 異國風味 ／ 海鮮料理 ／ 健康蔬食 ／ 午茶甜點 ／ 幼兒小點

course

▲▲▲▲▲
170度

🕐
10分鐘

夏威夷蔥餅披薩

材料（約 1～2 人份）

蔥油餅……………………………1 張
番茄紅醬…………………………2 大匙
鳳梨罐頭…………………………2 片
德式香腸（或火腿）……………1 根
巴西里香料粉（洋香菜粉）……少許
焗烤起司絲………………………適量

作法

1　冷凍的蔥油餅直接放入氣炸鍋，以170度氣炸5分
　　鐘。德式香腸（或火腿）切片、鳳梨片切塊，備
　　用。

2　在氣炸後的蔥油餅上塗番茄紅醬。

3　放上香腸片（火腿片）、鳳梨片、焗烤起司，以
　　170度氣炸5分鐘。

4　出爐後，在披薩表面灑上巴西里香料粉，即完
　　成。

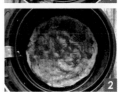

> Tips　披薩是很隨興且多變化的料理，加上蔥油餅作為披薩
> 餅皮只是增加酥脆感，味道相較於上頭的醬料及食材
> 顯得清淡，淡淡的蔥香反而能為滋味加分，因此上頭
> 的食材可以視自己喜歡，替換成海鮮、肉類、菇類等
> 等食材，盡情發揮自己的創意吧！

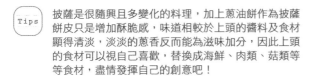

豐盛肉食　異國風味　海鮮料理　健康蔬食　午茶甜點　幼兒小點

●●●●●
180度

🕐
7分鐘

肉桂蘋果起酥派

材料（約 2～3 人份）
······

市售起酥皮	3 張
蘋果（大）	1 個
砂糖	20g
檸檬汁	10ml
奶油	10g
肉桂粉	1 茶匙
蛋液	1 顆

作法
······

1 蘋果洗淨、去皮、切小丁。

2 取一小湯鍋，開小火，加入蘋果丁、砂糖、檸檬汁、奶油，慢火加熱至果肉呈現透明且焦糖色，加入肉桂粉拌勻，熄火備用。

3 拿出起酥片一張，對切成兩片長方形。

4 在起酥片上放蘋果餡，將上方起酥片對折蓋下來，四邊用叉子壓合。

5 在起酥片表面劃兩刀，塗上蛋液。

6 放入氣炸鍋，以180度氣炸7分鐘即完成。

豐盛肉食 ／ 異國風味 ／ 海鮮料理 ／ 健康蔬食 ／ 午茶甜點 ／ 幼兒小點

金黃地瓜燒

材料（約 1～2 人份）

地瓜（小型）⋯⋯⋯⋯⋯2 個
動物性鮮奶油⋯⋯⋯⋯⋯50ml
糖⋯⋯⋯⋯⋯⋯⋯⋯⋯⋯20g
含鹽奶油⋯⋯⋯⋯⋯⋯⋯20g
蛋黃⋯⋯⋯⋯⋯⋯⋯⋯⋯1 顆
黑芝麻⋯⋯⋯⋯⋯⋯⋯⋯少許

作法

1 地瓜洗淨表皮，放入電鍋蒸熟備用。

2 將蒸熟的地瓜對半剖開，挖出地瓜肉。（留下距
　　離外皮約0.5公分的果肉。）

3 挖出的地瓜肉放入容器中，放入鮮奶油、奶油、
　　糖、蛋黃，拌勻成內餡備用。

4 將內餡填入地瓜皮中。

5 表面刷上蛋黃液、灑上黑芝麻，再以180度氣炸10
　　分鐘，表面出現金黃色，即完成。

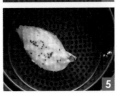

Tips　調內餡時，糖的使用量要視每次準備的地瓜甜度來作
　　　調整喔。

吐司奶麻糬

材料（約 2 ～ 3 人份）
・・・・・・・

厚片吐司	2 片
牛奶	200ml
蛋液	1 顆
糯米粉	適量
花生糖粉	適量
煉乳	適量

作法
・・・・・・・

1 厚片吐司去邊，裁切成四等份備用。

2 取一容器，倒入牛奶，放入吐司浸泡在牛奶中，使其完全吸飽牛奶。

3 將吸飽牛奶的吐司取出，稍微擠掉多餘的牛奶。

4 將吐司均勻沾上蛋液，再裹上糯米粉。

5 將吐司放入氣炸鍋，表面均勻噴上一些油，以180度氣炸10分鐘。

6 欲食用時，可沾煉乳或裹上花生糖粉。

豐盛肉食／異國風味／海鮮料理／健康蔬食／午茶甜點／幼兒小點

脆甜蘋果乾

course

材料（約1～2人份）
• • • • • • •

蘋果⋯⋯1 顆
鹽水⋯⋯適量

作法
• • • • • • •

1 蘋果洗淨、切薄片，泡入鹽水約1分鐘備用。

2 撈出蘋果片，瀝乾，再用紙巾吸去多餘水份。

3 將蘋果片放入氣炸鍋，以80度氣炸60分鐘，即完成。

80度

60分鐘

Tips　蘋果片放入氣炸鍋時，盡量鋪平排放，或是使用配件（如烤架），讓蘋果片不要互相堆疊，可以有效縮減氣炸乾燥的時間。

花生香蕉吐司卷

材料（約 3 人份）

吐司⋯⋯⋯⋯⋯⋯⋯⋯⋯3 片
香蕉⋯⋯⋯⋯⋯⋯⋯⋯⋯1 根
花生醬⋯⋯⋯⋯⋯⋯⋯⋯適量
蛋白液⋯⋯⋯⋯⋯⋯⋯⋯適量
杏仁片⋯⋯⋯⋯⋯⋯⋯⋯適量

作法

1 吐司去邊，用擀麵棍把吐司壓扁。

2 塗上花生醬，放上切段的香蕉。

3 將吐司捲起，並均勻裹上蛋白液。

4 均勻撒上杏仁片，以170度氣炸7分鐘，即完成。

170度

4分鐘

海苔脆餅

材料（約 2 ～ 3 人份）
. . . .

春捲皮……………………3 張
海苔………………………3 張
蛋白液……………………1/2 顆
芝麻………………………適量

調味料
糖…………………………1 茶匙
胡椒鹽……………………適量

作法
. . . .

1 春捲皮鋪平，均勻刷上蛋白液，將海苔平放在春
　捲皮上使其黏合。

2 海苔上塗上蛋白液，再均勻灑上白芝麻。

3 將春捲海苔片裁剪成適當大小。

4 將春捲海苔片放入氣炸鍋，表面噴點油，以170度
　氣炸4分鐘。

5 出爐後，灑上糖和胡椒鹽，即完成。

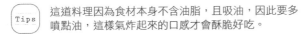

Tips 這道料理因為食材本身不含油脂，且吸油，因此要多
噴點油，這樣氣炸起來的口感才會酥脆好吃。

豐盛肉食 ／ 異國風味 ／ 海鮮料理 ／ 健康蔬食 ／ 午茶甜點 ／ 幼兒小點

4分鐘

小朋友最愛

鱈魚海苔酥

材料（約 1 人份）

市售鱈魚片·····················1 張
海苔·····························1 張
蛋白液···························1/2 顆
白芝麻···························適量

作法

1 鱈魚片均勻刷上蛋白液，將海苔黏合。

2 海苔上刷一層蛋白液，並灑上芝麻。

3 將鱈魚海苔裁剪成適當大小。

4 將鱈魚海苔片放入氣炸鍋，以170度氣炸約4分鐘，即完成。

Tips　剛完成的鱈魚海苔片因為熱氣的關係還是會稍軟一點，等完全冷卻後，口感就會很酥脆了喔！

1

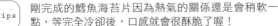

2

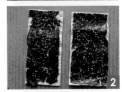

3

4

海苔小圓餅

材料（約2～3人份）
. . . .

蛋白……………………………1顆
糖粉……………………………30g
奶油（隔水或微波融化）……20g
低筋麵粉………………………30g
海苔粉…………………………適量

作法
. . . .

1 取一容器，放入蛋白、糖粉拌勻。

2 加入奶油、麵粉，拌勻成均勻麵糊，將麵糊移入
　冰箱冷藏約15分鐘。

3 取出冷藏後的麵糊，裝填入擠花袋裡。

4 烘焙紙鋪墊入氣炸鍋中，擠入一個個圓型麵糊，
　在每個麵糊上灑上海苔粉，以190度氣炸8分鐘，
　即完成。

 Tips
1 因麵糊較輕，為避免氣炸過程中飛起，碰觸到上
　方導熱管，建議用不鏽鋼架壓住。

2 擠麵糊時，每個麵糊之間要預留空間，因為麵糊
　受熱後會膨脹變大。

3 餅乾氣炸完畢後，可以悶一下，待其冷卻會更酥
　脆喔。

豐盛肉食／異國風味／海鮮料理／健康蔬食／午茶甜點／幼兒小點

160度

4分鐘

吐司乳酪燒

材料（約2人份）

．．．．．．．

厚片吐司……………………兩片

起司醬材料

動物性鮮奶油………………100ml
奶油………………………20g
糖…………………………30g
起司片……………………3 片

作法

．．．．．．．

1 取一乾淨容器，放入動物性鮮奶油、奶油、糖、
   起司片，開小火，加熱至糖及起司片均勻溶解成
   液態。

2 將煮好的起司醬均勻塗抹在吐司上。

3 將吐司放入氣炸鍋，以160度氣炸4分鐘，吐司表
   面呈現微微金黃色，即完成。

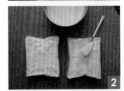

Tips
1 起司醬約可塗5～6片吐司。

2 如果吐司沒有馬上要吃，可以先把起司醬塗在吐
   司上，然後冷凍保存，要吃的時候再直接取出吐
   司氣炸即可。

豐盛肉食／異國風味／海鮮料理／健康蔬食／午茶甜點／幼兒小點

鰻味烤飯糰

材料（約 2 人份）
‥‥‥‥‥

白飯‥‥‥‥‥‥‥‥‥‥2 碗
味霖（或壽司醋）‥‥‥‥1 大匙
熟玉米粒‥‥‥‥‥‥‥‥1/2 碗
鰻魚罐頭‥‥‥‥‥‥‥‥適量
海苔‥‥‥‥‥‥‥‥‥‥2 小片

醬料
味噌‥‥‥‥‥‥‥‥‥‥1 小匙
味霖‥‥‥‥‥‥‥‥‥‥1 大匙
醬油‥‥‥‥‥‥‥‥‥‥少許

作法
‥‥‥‥‥

1 將白飯、味霖、玉米拌勻，備用。

2 取一張保鮮膜，放上白飯，再放上一片鰻魚，上方再疊上白飯。

3 利用保鮮膜和雙手把飯糰塑型成三角飯糰狀。

4 表面均勻刷上事先調好的刷醬。

5 再貼上海苔片，放入氣炸鍋，以170度氣炸約10分鐘即完成。

(Tips) 若喜歡表面酥酥有鍋巴感，可調高溫度到180度，繼續氣炸5分鐘。

杏仁千層酥

材料（約 1～2 人份）

市售起酥皮·····················2 張
糖粉·····················50g
蛋白·····················1 個
杏仁片·····················適量

作法

1 取一容器，加入蛋白、糖粉，拌勻成蛋白糖霜，備用。

2 起酥皮對半切成條狀。

3 在每片起酥皮上均勻擠上適量的蛋白糖霜，再鋪上滿滿的杏仁片。

4 將千層酥放入氣炸鍋，以170度氣炸8分鐘，即完成。

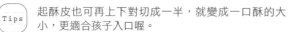

Tips　起酥皮也可再上下對切成一半，就變成一口酥的大小，更適合孩子入口喔。

蜜糖奶油條

材料

吐司……………………2～3 片
奶油（融化備用）……適量
白砂糖…………………適量

作法

1 吐司切成條狀，備用。

2 將切條後的吐司抹上融化後的奶油。

3 吐司上灑上適量的白砂糖。

4 將吐司條放入氣炸鍋，以160度氣炸
　10分鐘，即完成。

160度

10分鐘

Tips　喜歡金黃酥脆一些的口感，可以再拉
　　　高溫度到170度續炸3分鐘。

韓式炸年糕

材料（約2～3人份）

韓式年糕（條狀）………10～12條
花生粉…………………適量
煉乳…………………適量

作法

1 韓式年糕放入氣炸鍋，以170度氣炸10分鐘。

2 取出氣炸好的年糕，盛盤，灑上花生粉、淋上煉乳，即完成。

Tips 剛炸好的年糕趁熱食用口感軟Q，風味較佳，冷卻後會變得比較有嚼勁。

玫瑰蘋果派

材料（約 2 人份）
．．．．．．

市售酥皮⋯⋯⋯⋯⋯⋯⋯2 張
蘋果⋯⋯⋯⋯⋯⋯⋯⋯⋯1/2 顆
草莓醬⋯⋯⋯⋯⋯⋯⋯⋯少許
糖⋯⋯⋯⋯⋯⋯⋯⋯⋯⋯10g
檸檬汁⋯⋯⋯⋯⋯⋯⋯⋯10c.c
水⋯⋯⋯⋯⋯⋯⋯⋯⋯⋯20ml

作法
．．．．．．

1 蘋果洗淨、去核、切薄片。

2 取一湯鍋，加入糖、檸檬汁、水，轉小火，加熱
　至蘋果稍微軟化，熄火備用。

3 起酥片對切成長方型狀。

4 兩片起酥片頭尾相接，並在起酥片上均勻塗上一
　層草莓果醬，再疊放煮軟後的蘋果片。

5 將起酥片下擺部分折起，慢慢由邊緣將起司片捲
　起，成一朵玫瑰花狀，放入烤模。

6 將起酥玫瑰花放入氣炸鍋，以160度氣炸8分鐘，
　即完成。

咖哩多拿滋

材料（約 2 人份）

吐司	4 片
蛋液	1 顆
麵包粉	適量
圓形模具（或圓口玻璃杯）	1 個

餡料

洋蔥（切小丁）	1/3 顆
豬絞肉	約 300g
馬鈴薯（切小丁）	2 顆
咖哩粉	2 大匙
糖	1/2 大匙
鹽巴	1 茶匙
冷開水	2 米杯

作法

1 取一炒鍋，開中火熱鍋，倒入一點油，待油熱後，放入洋蔥炒出香味。

2 加入豬絞肉，均勻炒散，肉色變白後，放入馬鈴薯丁炒勻。

3 加入咖哩粉、糖、鹽巴拌炒均勻。

4 倒入冷開水，轉小火煨煮，直到馬鈴薯熟透，醬料收濃後即熄火，備用。

5 取一片吐司，放上適量的咖哩肉餡，再蓋上一片吐司，用圓型模具壓模成一圓餅狀。

6 將吐司依序均勻沾上蛋液、麵包粉，放入氣炸鍋，噴上適量油脂，以170度氣炸10分鐘，即完成。

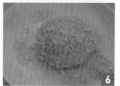

豐盛肉食　異國風味　海鮮料理　健康蔬食　午茶甜點　幼兒小點

拔絲地瓜

材料（約 2～3 人份）

地瓜（中型）⋯⋯⋯⋯⋯2 條
油⋯⋯⋯⋯⋯⋯⋯⋯⋯⋯⋯1 大匙
砂糖⋯⋯⋯⋯⋯⋯⋯⋯⋯⋯100g

作法

1 地瓜洗淨、去皮，切塊狀，放入電鍋蒸煮約10分鐘，備用。

2 取出蒸好的地瓜，淋入油拌勻，放入氣炸鍋，以180度氣炸10分鐘，備用。

3 取一炒鍋，開中火熱鍋，倒入一匙油加熱，放入砂糖，小火慢煮至糖完全融化並呈現焦糖色。

4 放入氣炸後的地瓜，熄火，將地瓜與糖汁拌勻，即可裝盤。

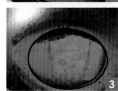

Tips

1 地瓜先蒸過再氣炸可以有效縮短氣炸時間，且口感濕潤綿密卻不糊爛。

2 盛裝的容器要事先抹油才不會沾黏。

3 食用時可以將地瓜過冰水，外面包裹的糖衣遇冷變脆，口感更棒。

香草馬芬

材料（約可做6個）

奶油·····································60g
糖···60g
蛋···75g
香草膏（精）···················1小匙
低筋麵粉·····························75g
泡打粉·································2g

作法

1 取一容器，放入奶油、糖，用打蛋器或食物調理機攪打至呈現棉絮狀且顏色變稍淡。

2 分次加入蛋液，攪打至完全吸收。

3 加入香草膏，拌勻；加入低筋麵粉、泡打粉拌勻。

4 將調好的麵糊填入杯子蛋糕烤模裡。（事先於各個烤模中放入烘焙紙，以便脫模）

5 氣炸鍋以150度預熱5分鐘。

6 放入蛋糕糊，以160度氣炸15分鐘，即完成。

Tips 麵糊填入烤模時，只要注入約7、8分滿即可，因為烤製過程中，麵糊會膨脹。

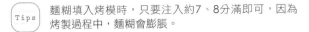

豐盛肉食 ╱ 異國風味 ╱ 海鮮料理 ╱ 健康蔬食 ╱ 午茶甜點 ╱ 幼兒小點

course

●●●●●
160度

🕐
15分鐘

杏仁瓦片

材料（約可做 5 片）
. . . .

蛋白······················1 顆（約 30g）
糖··························30g
奶油（融化備用）·········20g
低筋麵粉·················15g
杏仁片···················60g

作法
. . . .

1 取一容器，放入蛋白、糖，拌勻。

2 加入融化後的奶油、麵粉，拌勻成麵糊。

3 放入杏仁片混合，於室溫靜置10分鐘，備用。

4 在烘焙鍋中鋪入烘焙紙，用湯匙舀取適量麵糊放
入，均勻攤開成一個個薄圓餅狀，以160度氣炸15
分鐘，即完成。

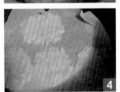

Tips 因麵糊較輕，為避免氣炸過程中，烘焙紙飛起碰觸到
導熱管，建議以不鏽鋼蒸架壓一下喔！

豐盛肉食 ／ 異國風味 ／ 海鮮料理 ／ 健康蔬食 ／ 午茶甜點 ／ 幼兒小點

莓醬丹麥甜甜圈

材料（約可做 5 個）
......

起酥皮……………………5 片
草莓醬……………………適量

作法
......

1 起酥皮從冷凍庫取出，放置於室溫，使其稍微退
　冰、軟化。

2 在起酥皮塗上薄薄一層草莓醬，再放上一片起酥
　皮；塗草莓醬、疊上起酥片此步驟重複5次。

3 將起酥片裁切成5等份的長條狀。

4 將每條起酥片稍微拉長，然後扭轉、連接成一個
　圓型。（頭尾稍微捏緊）

5 將甜甜圈放入氣炸鍋，以170度氣炸10分鐘，即完
　成。

私房上桌

幼兒小點

～艾蘇美の氣炸小錦囊～

家裡增添了新成員，是一件多麼歡欣的事情！媽媽們為了心肝寶貝的飲食肯定煞費苦心，因此特別企畫了此篇章，讓辛苦的媽媽們能運用氣炸鍋，輕鬆做出健康美味的寶寶點心。

一口薯球

材料

馬鈴薯（大）……………1 顆
蛋液……………………………30g
奶油……………………………10g
起司粉…………………………適量
糖………………………………少許
鹽巴……………………………少許
擠花袋…………………………1 個

作法

1 馬鈴薯洗淨、去皮、切塊，放入電鍋蒸熟。

2 將蒸熟後的馬鈴薯壓成泥，再趁熱加入所有材料拌勻。

3 將馬鈴薯泥裝入擠花袋，尖端剪一小開口，擠出馬鈴薯泥後，用剪刀剪成一小段一小段在氣炸鍋裡。

4 在薯球表面噴點油，以180度氣炸10分鐘，即完成。

 Tips

1 薯泥重量輕，若鋪烘焙紙來氣炸的話，建議以不鏽鋼蒸架壓住，防止氣炸過程中，烘焙紙飛起碰觸到導熱管。

2 薯球的口感外酥內軟綿，即使是少少牙的幼兒也能輕鬆食用唷。

豐盛肉食 ╱ 異國風味 ╱ 海鮮料理 ╱ 健康蔬食 ╱ 午茶甜點 ╱ 幼兒小點

迷你奶香蛋酥

材料

無鹽奶油（室溫軟化）…30g
糖粉（或白砂糖）………30g
蛋黃（打散）……………2 顆
牛奶………………………35g
低筋麵粉（過篩）………90g
玉米粉……………………10g
奶粉………………………10g
擠花袋……………………1 個

作法

1 取一容器，放入奶油、糖粉，用刮刀拌勻，用打
   蛋器（或食物調理機）快速打發奶油，直到奶油
   顏色變淺且變得蓬鬆。

2 分多次慢慢加入蛋黃液，一邊快速攪拌。

3 分多次慢慢加入牛奶，一邊快速攪拌均勻。

4 加入低筋麵粉、玉米粉、奶粉，用刮刀或食物調
   理機拌勻成麵糊。

5 將麵糊填入擠花袋，在烘焙紙上擠出適當大小的
   蛋酥。

6 氣炸鍋以150度預熱5分鐘。

7 將蛋酥放入氣炸鍋，以160氣炸15分鐘，時間到後
   以餘溫悶到蛋酥冷卻，即完成。

Tips

1 加入蛋黃液時要確實攪拌、吸收，再繼續加入，
   才不會油水分離喔。

2 蛋酥氣炸到10分鐘時，可以把烘焙紙取出，再繼
   續氣炸，這樣餅乾會更乾爽酥脆。

3 氣炸時間要依照擠花大小而稍做增減。

4 這種做法的蛋酥口感酥鬆，較適合有咀嚼力的幼
   兒享用。

蝦味棒棒

材料

草蝦仁·····················100g
胡椒粉·····················適量
鹽巴·······················1/2 茶匙
糖·························1/2 大匙
太白粉·····················50g
熱水（燙）·················20ml
擠花袋·····················1 個

作法

1 將草蝦仁、胡椒粉、鹽巴、糖、太白粉放入食物
  調理機攪打成均勻泥狀。

2 倒入熱水再次打勻後，把打好的蝦泥填入擠花
  袋，開口綁緊，尖端剪一小洞方便擠出。

3 烘焙紙鋪入氣炸鍋，擠入打好的蝦泥，以160度氣
  炸15分鐘，即完成。

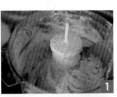

Tips

1 為避免烘焙紙飛起碰觸導熱管，可以用不鏽鋼蒸
  架壓住來氣炸。

2 氣炸時間依照擠出的蝦泥大小自行調整，如果氣
  炸完成後摸起來觸感仍軟彈，則再延長時間。

3 蝦味酥口感較為酥脆，因此較適合已有咀嚼力的
  幼兒食用喔。

160度

15分鐘

毛豆先生

材料

熟毛豆	100g
柴魚片	1 小匙
胡椒粉	少許（可略）
糖	1/2 大匙
鹽巴	1/2 茶匙
太白粉	50g
熱水（燙）	20ml
擠花袋	1 個

作法

1 將毛豆、柴魚片、胡椒、糖、鹽巴、太白粉放入
　食物調理機攪打成均勻泥狀。

2 倒入熱水攪打均勻。將打好的毛豆泥填入擠花袋
　裡，開口綁緊，尖角剪一小洞方便擠出。

3 烘焙紙鋪入氣炸鍋，擠上毛豆泥，以160度氣炸15
　分鐘，即完成。

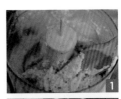

Tips

1 毛豆可先川燙過，氣炸起來比較不會有生味。毛
　豆川燙後外層薄膜亦可輕鬆剝除。

2 氣炸時間依照擠的毛豆粗細大小有所不同，若摸
　起來不夠硬脆則再延長氣炸時間。

3 毛豆先生的口感較為酥脆，因此較適合已有咀嚼
　力的幼兒食用喔。

地瓜米餅

材料

地瓜（蒸熟後重量）⋯⋯⋯⋯100g
白飯⋯⋯⋯⋯⋯⋯⋯⋯⋯⋯⋯100g
水⋯⋯⋯⋯⋯⋯⋯⋯⋯⋯⋯⋯20ml
糖⋯⋯⋯⋯⋯⋯⋯⋯⋯⋯少許（可略）
油⋯⋯⋯⋯⋯⋯⋯⋯⋯⋯⋯⋯1匙

作法

1 蒸熟的地瓜加入所有材料，放入食物調理機打勻成泥狀。

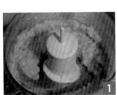

2 將地瓜飯泥填入擠花袋，尖端剪個開口。

3 烘焙紙鋪入氣炸鍋，擠上地瓜飯泥後表面噴點油脂，以170度氣炸10分鐘，即完成。

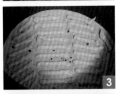

Tips 地瓜飯泥重量輕，若鋪烘焙紙來氣炸的話，建議以不鏽鋼蒸架壓住，防止氣炸過程中，烘焙紙飛起碰觸到導熱管。

豐盛肉食 ／ 異國風味 ／ 海鮮料理 ／ 健康蔬食 ／ 午茶甜點 ／ 幼兒小點

notes

kolin

歌林旋風無油健康氣炸鍋

KBO-MNR361

各大網路平台
均有販售

售價依平台活動為主

3.2L大容量!!

無油	減脂
溫控	80~200℃
定時	30分
旋風	循環
過熱	保護

國家圖書館出版品預行編目資料

快速簡單‧健康美味‧好好吃氣炸鍋油切料理：鳳梨
蝦球、四川口水雞、玫瑰蘋果派，100道從家常桌菜
到宴客大餐的超人氣料理全食譜 / 艾蘇美、春光編輯室
作. -- 初版. -- 臺北市：春光出版：家庭傳媒城邦分公司
發行, 民109.05 面； 公分. --（Learning）
ISBN 978-957-9439-93-0（平裝）

1.食譜

427.1   109004880

快速簡單。健康美味。好好吃氣炸鍋油切料理

鳳梨蝦球、四川口水雞、玫瑰蘋果派，100道從家常桌菜到宴客大餐的超人氣料理全食譜

作　　者　／艾蘇美、春光編輯室　　　　　企劃選書人／王雪莉
責任編輯　／張婉玲

版權行政暨數位業務專員／陳玉鈴
資深版權專員／許儀盈
行銷企劃　／陳姿億
行銷業務經理／李振東
副總編輯　／王雪莉
發 行 人　／何飛鵬
法律顧問　／元禾法律事務所 王子文律師
出　　版　／春光出版
　　　　　　城邦文化事業股份有限公司
　　　　　　台北市104民生東路二段141號8樓
　　　　　　電話：(02)25007008　傳真：(02)25027676
　　　　　　網址：www.ffoundation.com.tw
　　　　　　e-mail：ffoundation@cite.com.tw
發　　行　／英屬蓋曼群島商家庭傳媒股份有限公司城邦分公司
　　　　　　台北市104民生東路二段141號11樓
　　　　　　書虫客服服務專線：(02)25007718‧(02)25007719
　　　　　　24小時傳真服務：(02)25170999‧(02)25001991
　　　　　　服務時間：週一至週五09:30-12:00‧13:30-17:00
　　　　　　郵撥帳號：19863813　戶名：書虫股份有限公司
　　　　　　讀者服務信箱Email：service@readingclub.com.tw
　　　　　　歡迎光臨城邦讀書花園 網址：www.cite.com.tw
香港發行所／城邦（香港）出版集團有限公司
　　　　　　香港灣仔駱克道193號東超商業中心1樓
　　　　　　電話：(852)25086231　傳真：(852)25789337
　　　　　　e-mail：hkcite@biznetvigator.com
馬新發行所／城邦（馬新）出版集團
　　　　　　【Cite(M)Sdn. Bhd】
　　　　　　41, Jalan Radin Anum, Bandar Baru Sri Petaling,
　　　　　　57000 Kuala Lumpur, Malaysia.
　　　　　　Tel: (603)90578822　Fax: (603)90576622

封面設計　／萬勝安　　　內文排版／林佩樺
印　　刷　／高典印刷有限公司

城邦讀書花園
www.cite.com.tw

■ 2020年（民109）05月05日初版
■ 2023年（民112）10月02日初版5刷

Printed in Taiwan

售價／399元

廣　告　回　函
北區郵政管理登記證
台北廣字第000791號
郵資已付，免貼郵票

104台北市民生東路二段141號11樓

英屬蓋曼群島商家庭傳媒股份有限公司
城邦分公司

請沿虛線對折，謝謝！

愛情‧生活‧心靈
閱讀春光，生命從此神采飛揚

書號： OS2020	書名：	快速簡單。健康美味。好好吃氣炸鍋油切料理
		鳳梨蝦球、四川口水雞、玫瑰蘋果派，
		100道從家常桌菜到宴客大餐的超人氣料理全食譜

讀者回函卡

填寫回函卡並寄回春光出版社，就能夠參加抽獎活動，有機會獲得一台「歌林旋風無油健康氣炸鍋」（市價$3980元）！

※收件起訖：即日起至2020年6月30日止（以郵戳為憑）。

※得獎公布：共計4名，預計於2020年7月中旬於春光出版臉書粉絲團公布得主。（活動詳情請查閱粉絲團貼文公告）

注意事項：

1.本回函卡影印無效，遺失或毀損恕不補發。

2.本活動僅限台澎金馬地區回函。

3.春光出版保留活動修改變更權利。

謝謝您購買我們出版的書籍！請費心填寫此回函卡，我們將不定期寄上城邦集團最新的出版訊息。

姓名：＿＿＿＿＿＿＿＿＿＿＿＿＿＿＿＿＿＿＿＿＿

性別：□男　□女

生日：西元 ＿＿＿＿＿＿＿年＿＿＿＿＿＿＿月＿＿＿＿＿＿＿日

地址：＿＿＿＿＿＿＿＿＿＿＿＿＿＿＿＿＿＿＿＿＿＿＿＿

聯絡電話：＿＿＿＿＿＿＿＿＿＿傳真：＿＿＿＿＿＿＿＿＿

E-mail：＿＿＿＿＿＿＿＿＿＿＿＿＿＿＿＿＿＿＿＿＿＿

職業：＿＿＿＿＿＿＿＿＿＿＿＿＿＿＿＿＿＿＿＿＿＿＿

您從何種方式得知本書消息？

　　□書店 □網路 □廣播 □親友推薦

您通常以何種方式購書？

　　□書店 □網路 □其他＿＿＿＿＿＿＿＿＿＿＿＿＿＿＿

您喜歡閱讀哪些類別的書籍？

　　□財經商業 □自然科學 □歷史 □法律 □文學

　　□休閒旅遊 □人物傳記 □小說 □生活勵志 □其他